中国热带海岸带
耐盐植物资源

SALT-TOLERANT PLANTS
IN TROPICAL COASTAL ZONE OF CHINA

王瑞江 / 主编

SPM 南方出版传媒
广东科技出版社 | 全国优秀出版社
·广 州·

图书在版编目（CIP）数据

中国热带海岸带耐盐植物资源 / 王瑞江主编. —广州：广东科技出版社，2020.12
ISBN 978-7-5359-7216-3

Ⅰ. ①中… Ⅱ. ①王… Ⅲ. ①海岸带—耐盐性—热带植物—植物资源—研究—中国 Ⅳ. ① Q948.3

中国版本图书馆 CIP 数据核字（2020）第 255228 号

出 版 人：朱文清
策　　划：罗孝政
责任编辑：区燕宜　尉义明　于　焦
封面设计：柳国雄
责任校对：李云柯
责任印制：彭海波
出版发行：广东科技出版社
（广州市环市东路水荫路 11 号　邮政编码：510075）
销售热线：020-37592148 / 37607413
http：//www.gdstp.com.cn
E-mail：gdkjcbszhb@nfcb.com.cn
经　　销：广东新华发行集团股份有限公司
印　　刷：广州市彩源印刷有限公司
（广州市黄埔区百合三路 8 号 201 房　邮政编码：510700）
规　　格：889 mm×1 194 mm　1/16　印张 26.5　字数 600 千
版　　次：2020 年 12 月第 1 版
2020 年 12 月第 1 次印刷
定　　价：218.00 元

《中国热带海岸带耐盐植物资源》编委会

主　编：王瑞江

副主编：梁　丹

编　委：（按姓氏拼音排序）

陈　胜　郭亚男　简曙光　江国彬　李志安　梁　丹　刘子玥　罗世孝

任　海　舒江平　苏　凡　涂铁要　王刚涛　王瑞江　夏念和　徐一大

徐　源　叶　清　袁浪兴　袁明灯　张　莹　周欣欣

Salt-Tolerant Plants in Tropical Coastal Zone of China

Editorial Committee

Editor-in-Chief: Wang Ruijiang

Associate Editor-in-Chief: Liang Dan

Editorial Members (in alphabetic order):

Chen Sheng, Guo Yanan, Jian Shuguang, Jiang Guobin, Li Zhian, Liang Dan,

Liu Ziyue, Luo Shixiao, Ren Hai, Shu Jiangping, Su Fan, Tu Tieyao, Wang Gangtao,

Wang Ruijiang, Xia Nianhe, Xu Yida, Xu Yuan, Ye Qing, Yuan Langxing,

Yuan Mingdeng, Zhang Ying, Zhou Xinxin

本书得到以下研究项目的资助
Financially Supported by

中国科学院战略先导科技专项（Strategic Priority Research Program of the Chinese Academy of Sciences）
南海生态环境变化（XDA13020602）

广东省科技计划项目（Science and Technology Project of Guangdong Province）
广东省湿地水生植物资源科学考察（2018B030320004）

国家重要野生植物种质资源库中国科学院华南植物园子库（National Wild Plant Germplasm Resource Center for South China Botanical Garden, Chinese Academy of Sciences, ZWGX1905）

内容简介

我国热带海岸地区生长着丰富的耐盐植物。通过对我国福建、广东、广西、海南、台湾、香港和澳门特别行政区等热带地区海岸带的调查和整理，共记录到区域内 382 种耐盐植物种类。本书介绍了其中 97 科 266 属 372 种植物的性状、地理分布和生境等信息，并配有植物生境和个体特征的图片，是首部对我国热带海岸带耐盐植物进行系统和科学总结的著作，可为了解海岸带植物种类多样性提供基础资料，也可为我国开展热带地区滨海盐土农业、海岸城市园林绿化，以及海岸带生态治理和修复等提供科学指导。

Summary

The salt-tolerant plants are very rich in tropical coastal zone of China. Based on our broad and comprehensive field survey, totally 382 salt-tolerant plants were recorded from the coastal areas of Fujian, Guangdong, Guangxi, Hainan, Hong Kong, Macao and Taiwan. Of which, 372 species belonging to 97 families and 266 genera were briefly described in terms of their morphology, distribution and habitat with well-photographed images. This is the first book to summarize the tropical salt-tolerant plants systematically and scientifically in China. It can provide not only the basic information for understanding the plant species diversity but also scientific guidance for developing the saline agriculture, urban landscape, ecological management and restoration in tropical coastal zone of China.

前言

海岸带是我国热带地区盐碱地的主要分布区，也是我国南部沿海地区的重要湿地。在近海环境各种因子的影响下，长期生长在这一区域的许多植物逐渐产生了对盐碱害的耐受和抗受能力，具有一定的耐盐性。

盐生植物（Halophytes，salt-tolerant plants）是指能在盐渍化生境（Saline habitats）中自然生长并完成生活史的一类植物。全球盐生植物的生境可以分为三大类，即湿地盐生（Aquatic-haline）、陆生盐生（Terrestro-haline）和气生盐生（Aero-haline）等生境。由于对盐生植物的认定需要对土壤盐分的含量进行准确测量，并且国际上根据土壤中的水溶性盐类累积浓度的高低来认定为盐生植物的标准也有不同，因此，为了使所收录的植物能更好地满足实际生产和经济活动的需要，本书以“耐盐植物”为名，意指能在海水低潮线至高潮线之间地带生长的湿地盐生植物，以及在高潮线以上且能耐受海岸多盐雾生境的气生盐生植物。严格来讲，耐盐植物的含义要比盐生植物更广，但在实际应用中，两者有时没有十分严格的区分。

书中植物种类的收录遵从了以下两个原则：一是地理分布上，物种生长在我国泛热带的海岸带地区，包括福建（南部）、广东、广西、海南和台湾等省的海岸带，以及邻近海岛等；二是物种可以生长在含有一定盐度的土壤中或对盐雾生境具有一定的抗性，能完成正常的生活史。尽管如此，由于岛上或海岸带林下植物的耐盐性不同，对于耐盐植物种类进行选择时仍不可避免会夹杂一些主观因素。

通过文献资料收集和野外实地考察，我们整理出我国热带海岸带地区本土和外来耐盐植物共有 97 科 268 属 382 种。其中，蕨类植物 5 科 6 属 7 种，裸子植物 2 科 2 属 2 种，被子植物 90 科 260 属 373 种。这些种类中，本土植物有 91 科 241 属 341 种，外来种类 20 科 36 属 41 种。另外，由于海岸带人口数量较大，人们对海岸生境的干扰强度越来越大，致使海岸带植物多样性在近数十年间大大减少，一些曾经记载分布于海滨沙地上的本土植物，如盐碱土坡油甘 *Smithia salsuginea*、海芙蓉 *Limonium wrightii*、西沙灰毛豆 *Tephrosia luzonensis*、腺叶藤 *Stictocardia tiliifolia* 等 10 种滨海植物未能在调查中发现，故本书仅对调查到的 97 科 266 属 372 种植物进行了介绍。

在科的编排顺序及物种归属分类上，蕨类植物遵从 PPG（2016）系统，裸子植物遵从 Christenhusz 等（2011）系统，被子植物遵从 APG（2016）系统。种的处理基本依据 *Flora of China*。对外来植物的判定则参考《中国外来入侵植物名录》（马金双 等，2018）一书。此外，对存在种下分类单位的种类，如果没有特别说明，本书均指其原变种、原变型或原亚种。

热带海岸带地区也拥有丰富的湿地资源。为了更深入了解我国亚热带地区的湿地植物资源，在调查耐盐植物的同时，我们也对广东省的主要河流、水库、湖泊及农田等淡水湿地植物进行了调查并在 2021 年出版的《广东湿地植物》一书中进行展示。除此之外，近年来先后出版的《华南海岸带乡土植物及其生态恢复利用》（王瑞江 等，2017）和《中国热带海岸带野生果蔬资源》（王瑞江，2019）也介绍了我国热带海岸带植物资源的现状和应用，可一并参考和使用。

自1994年跟随中国科学院华南植物研究所高蕴璋先生和陈忠毅研究员从事红树林植物引种和调查，2012年开展广东省海岸带乡土植物资源研究，至2016年对我国热带海岸和海岛植物资源进行清查，本书编者在近25年的时间里与课题组全体成员一道，在我国各地开展了全面和细致的植物资源调查工作，获得了丰富的基础数据资料，弥补了我国热带地区盐生植物种类概况性研究的不足。本书是对我国热带海岸湿地植物的一个全面总结，希望这些资料能为恢复和修复退化湿地，维护湿地生态功能及生物多样性，保障生态安全和生物安全，促进社会经济的可持续发展及生态文明建设提供助力。

在国内外野外调查过程中，队员们不畏海岸阳光的曝晒，不惧海风吹沙的侵袭，不怕海滩植物的多刺，克服了登岛乘船的眩晕，经历了突降暴雨的淋身……经过数年的野外科考，采集了大量的植物标本，拍摄了许多珍贵的照片，取得了丰富的一手科研资料，使本书的出版成为可能。

忘不了杨宗愈教授身先士卒走在前面探路的身影，忘不了罗孝政老师雨中给拍照同事撑伞的形象，忘不了尉义明老师开车时发生的“一地鸡毛”趣事，忘不了在拍摄植物时被检查盘问的尴尬，忘不了郑朝汉博士为了取回遗留在山顶的重要资料把鞋底跑掉的笑料，忘不了团队成员在野外啃冷饭喝凉水、压标本至深夜的画面……一路艰辛、一路欢笑。

感谢香港特别行政区政府渔农自然护理署植物标本室的彭权森博士、刘苑容博士、林英伟先生和谭继业先生为我们在调查香港海岸植物资源期间提供的大量帮助，他们丰富的植物知识为我们详细了解香港湿地地盐生植物提供了极为专业的帮助。

感谢台中自然科学博物馆黄秀君女士、洪和田先生、朱哲辉先生及蓝世裕同学，台湾大学胡哲明教授、刘宇淳博士、杨承瑞博士等在野外科考期间的大力支持和帮助！他们的热心帮助使我们更好地对台湾海岸带植物和植被的总体状况有了深入了解。尤其是台湾台东兰屿和绿岛的野外考察，岛上丰富的特有植物令人惊奇不已。通过对台湾的考察，极大地丰富了我们的调查资料。

感谢中国科学院华南植物园刘青博士和李泽贤高级工程师帮忙鉴定植物标本，陈忠毅研究员和李泽贤高级工程师分别对本书的文字和图片进行审阅。

尽管编者们花费了大量时间进行野外调查，但在物种种类搜集上仍难免会有遗漏，敬请读者批评指正！

2020年10月

Editors' Preface

Coastal zone is the main area of the saline-alkaline land as well as the important wetland in the tropics of China. Under the circumstance of various environmental factors, many costal plants have gradually developed the ability to tolerate and resist the saltine-alkaline damages.

Halophytes refer to a group of plants that can grow healthily and reproduce their next generation naturally in saline-alkaline soils. The habitats of halophytes in the world can be divided into three categories, namely aquatic-haline, terrestro-haline and aero-haline habitats, based on the accurate measurement to the concentration of soluble salt in soil. Due to the criteria to determine the halophytes is inconsistent and varies with the different salt concentration accumulated in soil and the target of this book is to meet the need of practical work and economic activities better, we then make an enumeration of the salt-tolerant plants, including the aquatic and the aerial halophytes distributing in the coastal region of the tropics, and compile them into this book. The concept of the salt-tolerant plants is more extensive than that of halophytes, but there is no much essential difference between them for practical utilization.

The selection of salt-tolerant plants in this book mainly followed two criteria: (1) the plants distributed in the pan-tropical coastal zone of China; and (2) the plants can survive well and reproduce the next generation naturally in the environment with a certain salinity. Even so, this selection was inevitably more or less subjective because the salt-tolerance of understory plants in the aero-haline habitats is much variable in islands and coastal zones.

Totally 382 salt-tolerant plants in 97 families and 268 genera were sorted out through our literature consultation and field investigation. Of them 7 ferns in 5 families and 6 genera, 2 gymnosperms in 2 families and 2 genera, and 373 angiosperms in 90 families and 260 genera are enumerated in the book. In addition, due to the high density of human residents and the heavy disturbance of their activities, the coastal plant diversity decreased very quickly in recent tens of years. About 10 coastal species, such as *Smithia salsuginea*, *Limonium wrightii*, *Tephrosia luzonensis* and *stictocardia tiliifolia* etc., growing in beaches were hard to find again. Thus a total of 372 species are included here.

The arrangement of the families is in accordance with the phylogenetic results based on the molecular evidence, viz. PPG (2016) for the ferns, Christenhusz et al. (2011) for gymnosperms, and the Angiosperms Phylogeny Group (2016) for the angiosperms. The taxonomic treatment of species mainly complies with *Flora of China*. The recognition to alien plants is based on the *Checklist of the Alien invasive Plants in China* (Ma et al., 2018). In addition, the infraspecific epithet when it is same as its autonym is not indicated unless it appears with other infraspecific taxasimultaneously in the book.

The coastal zone is also one of important wetlands in tropical regions. In order to make a comprehensive understanding to the wetland plant resources in the subtropical area, a survey of aquatic and wetland plant resource in

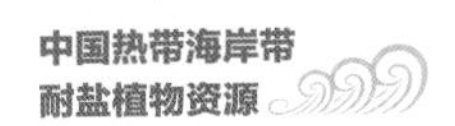

the rivers, streams, reservoirs, lakes, ponds and farmlands was also conducted in Guangdong province. The investigation results will be published in the book entitled *Aquatic and Wetland Plants of Guangdong* in 2021. In addition, two books, *Indigenous Plants of South China Coastal Zone and Their Utilization for Ecological Restoration* (Wang et al., 2017) and *Wild Fruit and Vegetable Plants in Tropical Coastal Zone of China* (Wang, 2019), are also important references to understand the current situation and application of coastal ecosystem.

The team members began to engage the mangrove introduction and reproduction under the supervision of Professor Chen Zhongyi and associate Professor Ko Wanchang since 1994 and carried on a background survey on the tropical coastal zone and islands from 2012 to 2020. Based on the 25-year's first-hand data, we prepare this book and hope that it can provide impetus for the restoration of degraded coastal zone, the maintenance of wetland ecological function, the safeguard of plant biosafety, and the promotion of sustainable social and economic development.

I am indebted to all colleagues who joined the field expedition in China and Indonesia, Philippines, Singapore, Sri-Lanka, Thailand and Vietnam. They collected a large number of plant specimens and took many precious photographs, which made this excellent book a reality. Deep appreciation is expressed to Professor Yang Tsung-Yu Aleck, Professor Hu Jer-Ming and their colleagues who offered much help during our field survey in Taiwan. I also would like to acknowledge Dr. Pang Kuenshum, Dr. Lau Yuen-Yung Jenny and their colleagues for providing much convenience during our investigation in Hong Kong. Special thanks are due to Dr. Liu Qing, Senior Engineer Li Zexian and Professor Chen Zhongyi who help for identifying specimens and reviewing the text.

Wang Ruijiang

2020年10月

目　录 Contents

第一章
中国热带海岸带耐盐植物概述

我国陆地和近海岛屿海岸线总长度有 3.2×10^4 km，海岸带面积约有 3.4×10^5 km^2，从北向南漫长的海岸带跨越了不同气候带、不同的地质构造区和不同的土壤类型，也分布着许多海岸植被和耐盐的植物种类。

植物的耐盐性跟盐分胁迫和由该胁迫导致的胁变的比值有关。可见，在一定的盐分胁迫条件下，植物的胁变程度越小，则耐盐能力越大。在海岸地区，植物没有能力改变外界环境中的盐分，但它们通过在体内建立某种机制或形成某种结构，阻止部分盐分进入植物体内，或者在盐分进入植物体内后再以某种方式将盐分排出体外，从而避免或减轻盐害，保证其正常的生理活动，这就是植物的避盐性。同样，植物也允许进入到体内的盐分对它们作用而仍然可以维持正常的生理活动，这就是植物的耐盐性（赵可夫 等 , 2013）。

植物一般具有避盐和耐盐的双重能力。在概念上，盐生植物是一类能在含大约200mmol/L 或更高浓度的 NaCl 条件下存活并完成其生活史的植物，如红树林植物，但也包括接近这个盐度的一些过渡类型的植物，如半红树植物和一些甜土植物等。多年来，人们对盐生植物的分类标准不统一且争论不休 (Grigore, 2013)，如 Waisel（1972）将盐生植物分成能适应和忍受盐生环境的真盐生植物（Euhalophytes）和不能在高盐分土壤中生存但看起来像是盐生植物的假盐生植物（Pseudohalophytes）。Flowers 等（2008）则着重强调盐生植物是能在盐离子浓度为 200mmol/L 左右的生境中生长和繁殖的植物。赵可夫等（2013）认为盐生植物应包括真盐生植物和一些向甜土植物过渡的中间型盐生植物。虽然这些分类标准和对盐生植物的定义有所不同，但基本上参照了植物的分布、生境中盐分的高低、植物对盐分应激性和植物对盐分质和量的摄取能力等指标（Albert, 1975）。

总的来说，无论如何对盐生植物进行分类，这些植物的习性特点是具有

一定的耐盐性，并能在含盐量较高的生境中生存和繁殖。盐生植物因其具有较好的耐盐性，因而在近代农业育种基因库、盐碱地的生态修复及盐地土壤条件下植被景观营造等方面表现出越来越巨大的作用（Flowers et al., 2015; Song et al., 2015; Ventura et al., 2015）。

我国各种类型的盐渍土总面积约有 1×10^9 hm^2（王遵亲 等，1993）。自 20 世纪 50 年代始，经过近 30 年的艰苦努力，我国科研人员对盐生植物有了较为系统的认识。赵可夫等（1999）主编的《中国盐生植物》，可谓是我国第一部盐生植物代表性专著，书中收录了我国内陆和沿海地区本土盐生植物 423 种。其后，赵可夫等（2013）在第二版中增加了 132 种，使收录的盐生植物总数达 555 种，其中分布于我国热带海岸带地区的盐生植物有 135 种。王文卿等（2013）主编的《南方滨海耐盐植物资源（一）》收录了 165 种原生植物和 35 种外来及引种植物。郑元春（1994）主编的《台湾的海滨植物》收录了 134 种代表性植物。君影（2004）在其主编的《台湾海岸植物》中记录了 119 种

本土植物和外来植物。然而，相对于我国丰富的热带海岸带植物种类来说，许多耐盐植物种类还未被收录，前人的工作仍需要补充和进一步完善。调查我国热带地区耐盐植物，对于建立耐盐植物数据库、收集极端生境植物信息及储存具有战略价值的植物种质资源等具有重要意义。

本书所包括的耐盐植物不仅包括生长在海岸地区高盐度土壤中的植物，也包括部分能适应海岸盐雾和海风环境的植物，因为高盐度对植物的伤害不仅有来自土壤中的盐分，还有来自空气的盐分。尽管如此，在实际调查中，不同的学者对耐盐植物的种类和标准认定仍可能存在不同的认识，所以，可以广义地认为具有一定耐盐能力且能够在盐碱环境中生长良好的植物都可以称为耐盐植物。

海岸带耐盐植物一般生长在海岸潮间带、高潮带及以上近海岸环境。这些植物由于长期受到海水的浸泡和海风的吹袭，经过自然选择，逐渐适应了海水、海风或盐雾高盐生境，具有了耐盐、抗盐或拒盐的生理特性，并能够耐受高温、干旱的气候条件和贫瘠、高盐的土壤环境。除此之外，耐盐植物生态习性的改变，如具有发达支柱根、气生根和较深的地下根系及匍匐茎、肉质叶等，也保障了其能在恶劣的海岸环境中生存繁衍。有些耐盐植物已经离不开海岸的盐生环境，而有些在内陆少盐的环境中仍能够健康生长。

我国海岸带耐盐植物资源比较丰富，为盐土农业的发展、滨海园林观赏绿化、海岸带生态恢复提供了重要的物种资源库。陈兴龙等（1999）报道了我国517种海岸带耐盐经济植物，其中包括部分栽培植物，以北方植物种类为主。与我国其他地区相比，我国热带海岸地区拥有更加丰富的植物多样性，但也是海岸利用强度最高的地区，在植被生态恢复、城市园林建设、生态文明建设等方面存在着巨大的压力（王瑞江 等，2017）。2016—2020年，科研团队通过对我国福建南部、台湾、广东、广西和海南海岸带耐盐植物进行了广泛而深入的科学考察，收集了大量耐盐植物的标本、彩色照片和文献资料，整理出我国热带海岸带地区耐盐植物共97科268属382种（表1）。其中豆科48种，禾本科30种，菊科21种，莎草科18种，夹竹桃科14种，旋花科13种，锦葵科12种，大戟科12种，苋科11种，茜草科8种，唇形科8种，桑科8种，红树科8种，紫茉莉科8种，千屈菜科7种，紫草科7种，山柑科6种，使君子科5种，报春花科5种，爵床科4种（表2）。在41种外来耐盐植物中，种数最多的是豆科和禾本科，各有6种，其次是菊科，有4种。

表1 中国热带海岸带耐盐植物名录

Table 1 The checklist of the salt-adapted plants in tropical coastal zone of China

科名 Family	中文名 Chinese Name	拉丁学名 Scientific Name
1. 凤尾蕨科 Pteridaceae	1. 卤蕨	*Acrostichum aureum* L.
	2. 尖叶卤蕨	*Acrostichum speciosum* Willd.
	3. 傅氏凤尾蕨	*Pteris fauriei* Hieron.
2. 鳞毛蕨科 Dryopteridaceae	4. 全缘贯众	*Cyrtomium falcatum* (L. f.) C. Presl
3. 鳞始蕨科 Lindsaeaceae	5. 阔片乌蕨	*Odontosoria biflora* (Kaulf.) C. Chr.
4. 金星蕨科 Thelypteridaceae	6. 毛蕨	*Cyclosorus interruptus* (Willd.) H. Itô
5. 肾蕨科 Nephrolepidaceae	7. 长叶肾蕨	*Nephrolepis biserrata* (Sw.) Schott
7. 南洋杉科 Araucariaceae	8. 异叶南洋杉#	*Araucaria heterophylla* (Salisb.) Franco
6. 罗汉松科 Podocarpaceae	9. 竹柏	*Nageia nagi* (Thunb.) Kuntze
8. 番荔枝科 Annonaceae	10. 假鹰爪	*Desmos chinensis* Lour.
9. 莲叶桐科 Hernandiaceae	11. 莲叶桐	*Hernandia nymphaeifolia* (C. Presl) Kubitzki
10. 樟科 Lauraceae	12. 无根藤	*Cassytha filiformis* L.
	13. 潺槁木姜子	*Litsea glutinosa* (Lour.) C. B. Rob.
11. 水鳖科 Hydrocharitaceae	14. 海菖蒲	*Enhalus acoroides* (L. f.) Royle
	15. 喜盐草	*Halophila ovalis* (R. Br.) Hook. f.
12. 露兜树科 Pandanaceae	16. 露兜树	*Pandanus tectorius* Parkinson
13. 百合科 Liliaceae	17. 台湾百合	*Lilium formosanum* Wallace
14. 兰科 Orchidaceae	18. 美冠兰	*Eulophia graminea* Lindl.
15. 石蒜科 Amaryllidaceae	19. 文殊兰	*Crinum asiaticum* L. var. *sinicum* (Roxb. ex Herb.) Baker
16. 天门冬科 Asparagaceae	20. 龙舌兰#	*Agave americana* L.
	21. 剑麻#	*Agave sisalana* Perrine ex Engelm.
	22. 天门冬	*Asparagus cochinchinensis* (Lour.) Merr.
	23. 异蕊草	*Thysanotus chinensis* Benth.
17. 棕榈科 Arecaceae	24. 水椰	*Nypa fruticans* Wurmb
	25. 刺葵	*Phoenix loureiroi* Kunth

（续表）

科名 Family	中文名 Chinese Name	拉丁学名 Scientific Name
18. 鸭跖草科 Commelinaceae	26. 大苞水竹叶	*Murdannia bracteata* (C. B. Clarke) Kuntze ex J. K. Morton
	27. 细柄水竹叶*	*Murdannia vaginata* (L.) G. Brückn.
19. 姜科 Zingiberaceae	28. 艳山姜	*Alpinia zerumbet* (Pers.) B. L. Burtt & R. M. Sm.
20. 莎草科 Cyperaceae	29. 扁秆荆三棱	*Bolboschoenus planiculmis* (F. Schmidt) T. V. Egorova
	30. 球柱草	*Bulbostylis barbata* (Rottb.) C. B. Clarke
	31. 毛鳞球柱草*	*Bulbostylis puberula* C. B. Clarke
	32. 矮生薹草	*Carex pumila* Thunb.
	33. 茳芏	*Cyperus malaccensis* Lam. subsp. *malaccensis*
	34. 短叶茳芏	*Cyperus malaccensis* subsp. *monophyllus* (Vahl) T. Koyama
	35. 羽状穗砖子苗	*Cyperus javanicus* Houtt.
	36. 辐射穗砖子苗	*Cyperus radians* Nees & Meyen ex Kunth
	37. 香附子	*Cyperus rotundus* L.
	38. 粗根茎莎草	*Cyperus stoloniferus* Retz.
	39. 黑果飘拂草	*Fimbristylis cymosa* R. Br. var. *cymosa*
	40. 佛焰苞飘拂草	*Fimbristylis cymosa* var. *spathacea* (Roth) T. Koyama
	41. 独穗飘拂草	*Fimbristylis ovata* (Burm. f.) J. Kern
	42. 细叶飘拂草	*Fimbristylis polytrichoides* (Retz.) R. Br.
	43. 绢毛飘拂草	*Fimbristylis sericea* R. Br.
	44. 锈鳞飘拂草	*Fimbristylis sieboldii* Miq. ex Franch. & Sav.
	45. 多枝扁莎	*Pycreus polystachyos* (Rottb.) P. Beauv.
	46. 海滨莎	*Remirea maritima* Aubl.
21. 帚灯草科 Restionaceae	47. 薄果草	*Dapsilanthus disjunctus* (Mast.) B. G. Briggs & L. A. S. Johnson
22. 须叶藤科 Flagellariaceae	48. 须叶藤	*Flagellaria indica* L.
23. 禾本科 Poaceae	49. 台湾芦竹	*Arundo formosana* Hack.
	50. 巴拉草#	*Brachiaria mutica* (Forssk.) Stapf
	51. 蒺藜草#	*Cenchrus echinatus* L.
	52. 台湾虎尾草	*Chloris formosana* (Honda) Keng ex B. S. Sun & Z. H. Hu
	53. 扭鞘香茅	*Cymbopogon tortilis* (J. Presl) A. Camus
	54. 狗牙根	*Cynodon dactylon* (L.) Pers.
	55. 龙爪茅	*Dactyloctenium aegyptium* (L.) Willd.
	56. 异马唐	*Digitaria bicornis* (Lam.) Roem. & Schult.
	57. 二型马唐	*Digitaria heterantha* (Hook. f.) Merr.
	58. 绒马唐	*Digitaria mollicoma* (Kunth) Henrard
	59. 黄茅	*Heteropogon contortus* (L.) P. Beauv. ex Roem. & Schult.
	60. 白茅	*Imperata cylindrica* (L.) Beauv.
	61. 金黄鸭嘴草	*Ischaemum aureum* (Hook. & Arn.) Hack.
	62. 小黄金鸭嘴草	*Ischaemum setaceum* Honda
	63. 细穗草	*Lepturus repens* (G. Forst.) R. Br.
	64. 红毛草#	*Melinis repens* (Willd.) Zizka
	65. 铺地黍#	*Panicum repens* L.
	66. 双穗雀稗#	*Paspalum distichum* L.

（续表）

科名 Family	中文名 Chinese Name	拉丁学名 Scientific Name
	67. 海雀稗	*Paspalum vaginatum* Sw.
	68. 茅根	*Perotis indica* (L.) Kuntze
	69. 芦苇	*Phragmites australis* (Cav.) Trin. ex Steud.
	70. 甜根子草	*Saccharum spontaneum* L.
	71. 狗尾草	*Setaria viridis* (L.) P. Beauv.
	72. 互花米草 [#]	*Spartina alterniflora* Loisel.
	73. 鬣刺	*Spinifex littoreus* (Burm. f.) Merr.
	74. 盐地鼠尾粟	*Sporobolus virginicus* (L.) Kunth
	75. 锥穗钝叶草	*Stenotaphrum micranthum* (Desv.) C. E. Hubb.
	76. 蒭雷草	*Thuarea involuta* (G. Forst.) R. Br. ex Sm.
	77. 沟叶结缕草	*Zoysia matrella* (L.) Merr.
	78. 中华结缕草	*Zoysia sinica* Hance
24. 防已科 Menispermaceae	79. 木防己	*Cocculus orbiculatus* (L.) DC.
25. 景天科 Crassulaceae	80. 东南景天	*Sedum alfredii* Hance
	81. 台湾佛甲草	*Sedum formosanum* N. E. Brown
26. 葡萄科 Vitaceae	82. 小果葡萄	*Vitis balansana* Planch.
27. 蒺藜科 Zygophyllaceae	83. 大花蒺藜	*Tribulus cistoides* L.
	84. 蒺藜	*Tribulus terrestris* L.
28. 豆科 Fabaceae	85. 相思子	*Abrus precatorius* L.
	86. 台湾相思	*Acacia confusa* Merr.
	87. 合萌	*Aeschynomene indica* L.
	88. 链荚豆	*Alysicarpus vaginalis* (L.) DC.
	89. 小刀豆	*Canavalia cathartica* Thouars
	90. 狭刀豆 [*]	*Canavalia lineata* (Thunb.) DC.
	91. 海刀豆	*Canavalia rosea* (Sw.) DC.
	92. 刺果苏木	*Caesalpinia bonduc* (L.) Roxb.
	93. 铺地蝙蝠草	*Christia obcordata* (Poir.) Bakh. f. ex Meeuwen
	94. 针状猪屎豆	*Crotalaria acicularis* Buch. -Ham. ex Benth.
	95. 猪屎豆 [#]	*Crotalaria pallida* Aiton
	96. 吊裙草	*Crotalaria retusa* L.
	97. 球果猪屎豆	*Crotalaria uncinella* Lamk. subsp. *elliptica* (Roxb.) Polhill
	98. 光萼猪屎豆 [#]	*Crotalaria zanzibarica* Benth.
	99. 弯枝黄檀	*Dalbergia candenatensis* (Dennst.) Prain
	100. 伞花假木豆	*Dendrolobium umbellatum* (L.) Benth.
	101. 鱼藤	*Derris trifoliata* Lour.
	102. 异叶山蚂蝗	*Desmodium heterophyllum* (Willd.) DC.
	103. 赤山蚂蝗	*Desmodium rubrum* (Lour.) DC.
	104. 鸡头薯	*Eriosema chinense* Vogel
	105. 琉球乳豆	*Galactia tashiroi* Maxim.
	106. 乳豆	*Galactia tenuiflora* (Klein ex Willd.) Wight & Arn.
	107. 烟豆	*Glycine tabacina* Benth.

（续表）

科名 Family	中文名 Chinese Name	拉丁学名 Scientific Name
	108. 短绒野大豆	*Glycine tomentella* Hayata
	109. 疏花木蓝	*Indigofera colutea* (Burm. f.) Merr.
	110. 硬毛木蓝	*Indigofera hirsuta* L.
	111. 单叶木蓝	*Indigofera linifolia* (L. f.) Retz.
	112. 九叶木蓝	*Indigofera linnaei* Ali
	113. 滨海木蓝	*Indigofera litoralis* Chun & T. C. Chen
	114. 刺荚木蓝	*Indigofera nummulariifolia* (L.) Livera ex Alston
	115. 三叶木蓝	*Indigofera trifoliata* L.
	116. 尖叶木蓝	*Indigofera zollingeriana* Miq.
	117. 银合欢#	*Leucaena leucocephala* (Lam.) de Wit
	118. 天蓝苜蓿	*Medicago lupulina* L.
	119. 草木犀#	*Melilotus officinalis* (L.) Lam.
	120. 链荚木	*Ormocarpum cochinchinense* (Lour.) Merr.
	121. 水黄皮	*Pongamia pinnata* (L.) Pierre
	122. 小鹿藿	*Rhynchosia minima* (L.) DC.
	123. 盐碱土坡油甘*	*Smithia salsuginea* Hance
	124. 田菁#	*Sesbania cannabina* (Retz.) Poir.
	125. 绒毛槐	*Sophora tomentosa* L.
	126. 酸豆#	*Tamarindus indica* L.
	127. 西沙灰毛豆*	*Tephrosia luzonensis* Vogel
	128. 卵叶灰毛豆	*Tephrosia obovata* Merr.
	129. 矮灰毛豆	*Tephrosia pumila* (Lam.) Pers.
	130. 长叶豇豆	*Vigna luteola* (Jacq.) Benth.
	131. 滨豇豆	*Vigna marina* (Burm.) Merr.
	132. 丁癸草	*Zornia gibbosa* Span.
29. 海人树科 Surianaceae	133. 海人树	*Suriana maritima* L.
30. 远志科 Polygalaceae	134. 小花远志	*Polygala polifolia* C. Presl
31. 蔷薇科 Rosaceae	135. 厚叶石斑木	*Rhaphiolepis umbellata* (Thunb.) Makino
32. 胡颓子科 Elaeagnaceae	136. 福建胡颓子	*Elaeagnus oldhamii* Maxim.
33. 鼠李科 Rhamnaceae	137. 铁包金	*Berchemia lineata* (L.) DC.
	138. 蛇藤	*Colubrina asiatica* (L.) Brongn.
	139. 雀梅藤	*Sageretia thea* (Osbeck) M. C. Johnst.
	140. 马甲子	*Paliurus ramosissimus* (Lour.) Poir.
34. 大麻科 Cannabaceae	141. 铁灵花	*Celtis philippensis* Blanco var. *consimilis* J. -F. Lerory
35. 桑科 Moraceae	142. 榕树	*Ficus microcarpa* L. f. var. *microcarpa*
	143. 蔓榕	*Ficus pedunculosa* Miq.
	144. 薜荔	*Ficus pumila* L.
	145. 棱果榕	*Ficus septica* Burm. f.
	146. 笔管榕	*Ficus subpisocarpa* Gagnep.
	147. 匍匐斜叶榕	*Ficus tinctoria* G. Fortst. subsp. *swinhoei* (King) Corner
	148. 越桔榕	*Ficus vaccinioides* Hemsl. ex King

（续表）

科名 Family	中文名 Chinese Name	拉丁学名 Scientific Name
	149. 鹊肾树	*Streblus asper* Lour.
36. 木麻黄科 Casuarinaceae	150. 木麻黄[#]	*Casuarina equisetifolia* L.
37. 葫芦科 Cucurbitaceae	151. 凤瓜	*Gymnopetalum scabrum* (Lour.) W.J. de Wilde & Duyfjes
38. 卫矛科 Celastraceae	152. 变叶裸实	*Gymnosporia diversifolia* Maxim.
	153. 台湾美登木	*Maytenus emarginata* (Willd.) Ding Hou
	154. 五层龙	*Salacia prinoides* (Willd.) DC.
39. 红树科 Rhizophoraceae	155. 柱果木榄	*Bruguiera cylindrica* (L.) Blume
	156. 木榄	*Bruguiera gymnorhiza* (L.) Savigny
	157. 海莲	*Bruguiera sexangula* (Lour.) Poir.
	158. 角果木	*Ceriops tagal* (Perr.) C. B. Rob.
	159. 秋茄树	*Kandelia obovata* Sheue, H. Y. Liu & J. Yong
	160. 红树	*Rhizophora apiculata* Blume
	161. 红茄苳	*Rhizophora mucronata* Lam.
	162. 红海兰	*Rhizophora stylosa* Griff.
40. 红厚壳科 Calophyllaceae	163. 红厚壳	*Calophyllum inophyllum* L.
41. 核果木科 Putranjivaceae	164. 滨海核果木	*Drypetes littoralis* (C. B. Rob.) Merr.
42. 金虎尾科 Malpighiaceae	165. 三星果	*Tristellateia australasiae* A. Rich.
43. 堇菜科 Violaceae	166. 鼠鞭草	*Hybanthus enneaspermus* (L.) F. Muell.
44. 西番莲科 Passifloraceae	167. 龙珠果[#]	*Passiflora foetida* L.
45. 杨柳科 Salicaceae	168. 刺篱木	*Flacourtia indica* (Burm. f.) Merr.
	169. 黄杨叶箣柊	*Scolopia buxifolia* Gagnep.
	170. 箣柊	*Scolopia chinensis* (Lour.) Clos
	171. 鲁花树	*Scolopia oldhamii* Hance
46. 大戟科 Euphorbiaceae	172. 留萼木	*Blachia pentzii* (Müll. Arg.) Benth.
	173. 海南留萼木	*Blachia siamensis Gagnep.*
	174. 越南巴豆	*Croton kongensis* Gagnep.
	175. 海滨大戟	*Euphorbia atoto* G. Forst.
	176. 飞扬草[#]	*Euphorbia hirta* L.
	177. 匍匐大戟[#]	*Euphorbia prostrata* Aiton
	178. 台西地锦	*Euphorbia taihsiensis* (Chaw & Koutnik) Oudejans
	179. 绿玉树[#]	*Euphorbia tirucalli* L.
	180. 海漆	*Excoecaria agallocha* L.
	181. 血桐	*Macaranga tanarius* (L.) Müll. Arg. var. *tomentosa* (Blume) Müll. Arg.
	182. 地杨桃	*Sebastiania chamaelea* (L.) Müll. Arg.
	183. 海厚托桐	*Stillingia lineata* Müll. Arg. subsp. *pacifica* (Müll. Arg.) Steenis
47. 叶下珠科 Phyllanthaceae	184. 沙地叶下珠	*Phyllanthus arenarius* Beille
	185. 艾堇	*Sauropus bacciformis* (L.) Airy Shaw

（续表）

科名 Family	中文名 Chinese Name	拉丁学名 Scientific Name
48. 使君子科 Combretaceae	186. 榄果木#	*Conocarpus erectus* L.
	187. 对叶榄李#	*Laguncularia racemosa* (L.) C. F. Gaertn.
	188. 榄李	*Lumnitzera racemosa* Willd.
	189. 红榄李	*Lumnitzera littorea* (Jack) Voigt
	190. 榄仁树	*Terminalia catappa* L.
49. 千屈菜科 Lythraceae	191. 水芫花	*Pemphis acidula* J. R. Forst. & G. Forst.
	192. 无瓣海桑#	*Sonneratia apetala* Buch. -Ham.
	193. 海桑	*Sonneratia caseolaris* (L.) Engl.
	194. 杯萼海桑	*Sonneratia alba* Sm.
	195. 海南海桑	*Sonneratia*×*hainanensis* W. C. Ko, E. Y. Chen & W. Y. Chen
	196. 卵叶海桑	*Sonneratia ovata* Backer
	197. 拟海桑	*Sonneratia*×*gulngai* N. C. Duke & Jackes
50. 柳叶菜科 Onagraceae	198. 海滨月见草#	*Oenothera drummondii* Hook.
	199. 裂叶月见草#	*Oenothera laciniata* Hill
51. 桃金娘科 Myrtaceae	200. 香蒲桃	*Syzygium odoratum* (Lour.) DC.
52. 漆树科 Anacardiaceae	201. 巴西胡椒木#	*Schinus terebinthifolia* Raddi
53. 无患子科 Sapindaceae	202. 海滨异木患	*Allophylus timoriensis* (DC.) Blume
	203. 滨木患	*Arytera littoralis* Blume
	204. 车桑子	*Dodonaea viscosa* Jacq.
	205. 赤才	*Lepisanthes rubiginosa* (Roxb.) Leenh.
	206. 柄果木	*Mischocarpus sundaicus* Blume
54. 芸香科 Rutaceae	207. 酒饼簕	*Atalantia buxifolia* (Poir.) Oliv.
	208. 牛筋果	*Harrisonia perforata* (Blanco) Merr.
	209. 翼叶九里香	*Murraya alata* Drake
	210. 小叶九里香	*Murraya microphylla* (Merr. & Chun) Swingle
55. 苦木科 Simaroubaceae	211. 鸦胆子	*Brucea javanica* (L.) Merr.
56. 楝科 Meliaceae	212. 椭圆叶米仔兰	*Aglaia rimosa* (Blanco) Merr.
	213. 楝	*Melia azedarach* L.
	214. 杜楝	*Turraea pubescens* Hell.
	215. 木果楝	*Xylocarpus granatum* J. Koenig
57. 锦葵科 Malvaceae	216. 磨盘草	*Abutilon indicum* (L.) Sweet
	217. 海岸扁担杆	*Grewia piscatorum* Hance
	218. 泡果苘#	*Herissantia crispa* (L.) Brizicky
	219. 银叶树	*Heritiera littoralis* Aiton
	220. 黄槿	*Hibiscus tiliaceus* L.
	221. 海滨木槿	*Hibiscus hamabo* Siebold & Zucc.
	222. 圆叶黄花稔	*Sida alnifolia* L. var. *orbiculata* S. Y. Hu
	223. 心叶黄花稔	*Sida cordifolia* L.
	224. 桐棉	*Thespesia populnea* (L.) Sol. ex Correa
	225. 铺地刺蒴麻	*Triumfetta procumbens* G. Forst.
	226. 粗齿刺蒴麻	*Triumfetta grandidens* Hance

（续表）

科名 Family	中文名 Chinese Name	拉丁学名 Scientific Name
	227. 蛇婆子 #	*Waltheria indica* L.
58. 瑞香科 Thymelaeaceae	228. 了哥王	*Wikstroemia indica* (L.) C. A. Mey.
59. 龙脑香科 Dipterocarpaceae	229. 青梅	*Vatica mangachapoi* Blanco
60. 刺茉莉科 Salvadoraceae	230. 刺茉莉	*Azima sarmentosa* (Blume) Benth. & Hook. f.
61. 山柑科 Capparaceae	231. 兰屿山柑	*Capparis lanceolaris* DC.
	232. 青皮刺	*Capparis sepiaria* L.
	233. 牛眼睛	*Capparis zeylanica* L.
	234. 黄花草	*Cleome viscosa* L.
	235. 树头菜	*Crateva unilocularis* Buch. -Ham.
	236. 钝叶鱼木	*Crateva trifoliate* (Roxb.) B. S. Sun
62. 铁青树科 Olacaceae	237. 海檀木	*Ximenia americana* L.
	238. 铁青树	*Olax imbricata* Roxb.
63. 柽柳科 Tamaricaceae	239. 无叶柽柳 #	*Tamarix aphylla* (L.) H. Karst.
	240. 柽柳	*Tamarix chinensis* Lour.
64. 白花丹科 Plumbaginaceae	241. 补血草	*Limonium sinense* (Girard) Kuntze
	242. 海芙蓉 *	*Limonium wrightii* (Hance) Kuntze var. *wrightii*
65. 十字花科 Brassicaceae	243. 滨莱菔	*Raphanus sativus* L.
66. 蓼科 Polygonaceae	244. 羊蹄	*Rumex japonicus* Houtt.
67. 石竹科 Caryophyllaceae	245. 漆姑草	*Sagina japonica* (Sw.) Ohwi
68. 苋科 Amaranthaceae	246. 砂苋	*Allmania nodiflora* (L.) R. Br. ex Wight
	247. 刺花莲子草 #	*Alternanthera pungens* Kunth
	248. 海滨藜	*Atriplex maximowicziana* Makino
	249. 匍匐滨藜	*Atriplex repens* Roth
	250. 狭叶尖头叶藜	*Chenopodium acuminatum* subsp. *virgatum* (Thunb.) Kitam.
	251. 银花苋 #	*Gomphrena celosioides* Mart.
	252. 安旱苋	*Philoxerus wrightii* Hook. f.
	253. 毕节海蓬子 #	*Salicornia bigelovii* Torr.
	254. 南方碱蓬	*Suaeda australis* (R. Br.) Moq.
	255. 裸花碱蓬	*Suaeda maritima* (L.) Dumort.
	256. 针叶苋	*Trichuriella monsoniae* (L. f.) Bennet
69. 针晶粟草科 Gisekiaceae	257. 针晶粟草	*Gisekia pharnaceoides* L.
70. 番杏科 Aizoaceae	258. 海马齿	*Sesuvium portulacastrum* (L.) L.
	259. 番杏 #	*Tetragonia tetragonioides* (Pall.) Kuntze
	260. 假海马齿	*Trianthema portulacastrum* L.
71. 紫茉莉科 Nyctaginaceae	261. 白花黄细心	*Boerhavia albiflora* Fosberg
	262. 红细心	*Boerhavia coccinea* Mill.
	263. 黄细心	*Boerhavia diffusa* L.
	264. 直立黄细心	*Boerhavia erecta* L.
	265. 光果黄细心	*Boerhavia glabrata* Blume
	266. 匍匐黄细心	*Boerhavia repens* L.
	267. 腺果藤	*Pisonia aculeata* L.

（续表）

科名 Family	中文名 Chinese Name	拉丁学名 Scientific Name
	268. 抗风桐	*Pisonia grandis* R. Br.
72. 粟米草科 Molluginaceae	269. 无茎粟米草	*Mollugo nudicaulis* Lam.
	270. 粟米草	*Mollugo stricta* L.
	271. 种棱粟米草	*Mollugo verticillata* L.
	272. 长梗星粟草	*Glinus oppositifolius* (L.) Aug. DC.
73. 马齿苋科 Portulacaceae	273. 马齿苋	*Portulaca oleracea* L.
	274. 毛马齿苋 #	*Portulaca pilosa* L.
	275. 四瓣马齿苋	*Portulaca quadrifida* L.
	276. 沙生马齿苋	*Portulaca psammotropha* Hance
74. 仙人掌科 Cactaceae	277. 仙人掌 #	*Opuntia dillenii* (Ker Gawl.) Haw.
75. 山茱萸科 Cornaceae	278. 土坛树	*Alangium salviifolium* (L. f.) Wangerin
76. 玉蕊科 Lecythidaceae	279. 滨玉蕊	*Barringtonia asiatica* (L.) Kurz
	280. 玉蕊	*Barringtonia racemosa* (L.) Spreng.
77. 山榄科 Sapotaceae	281. 山榄	*Planchonella obovata* (R. Br.) Pierre
78. 柿科 Ebenaceae	282. 光叶柿	*Diospyros diversilimba* Merr. & Chun
	283. 象牙树	*Diospyros ferrea* (Willd.) Bakh.
79. 报春花科 Primulaceae	284. 蜡烛果	*Aegiceras corniculatum* (L.) Blanco
	285. 琉璃繁缕	*Anagallis arvensis* L.
	286. 兰屿紫金牛	*Ardisia elliptica* Thunb.
	287. 滨海珍珠菜	*Lysimachia mauritiana* Lam.
	288. 打铁树	*Myrsine linearis* (Lour.) Poir.
80. 山茶科 Theaceae	289. 米碎花	*Eurya chinensis* R. Br.
	290. 滨柃	*Eurya emarginata* (Thunb.) Makino
81. 茜草科 Rubiaceae	291. 海岸桐	*Guettarda speciosa* L.
	292. 双花耳草	*Hedyotis biflora* (L.) Lam.
	293. 肉叶耳草	*Hedyotis strigulosa* (Bartl. ex DC.) Fosberg
	294. 单花耳草	*Hedyotis taiwanensis* S. F. Huang & J. Murata
	295. 海滨木巴戟	*Morinda citrifolia* L.
	296. 鸡眼藤	*Morinda parvifolia* Bartl. ex DC.
	297. 松叶耳草	*Scleromitrion pinifolia* (Wall. ex G. Don) R. J. Wang
	298. 瓶花木	*Scyphiphora hydrophyllacea* C. F. Gaertn.
82. 龙胆科 Gentianaceae	299. 日本百金花	*Centaurium japonicum* (Maxim.) Druce
83. 夹竹桃科 Apocynaceae	300. 牛角瓜	*Calotropis gigantea* (L.) W. T. Aiton
	301. 海杧果	*Cerbera manghas* L.
	302. 海南杯冠藤	*Cynanchum insulanum* (Hance) Hemsl.
	303. 海岛藤	*Gymnanthera oblonga* (Burm. F.) P. S. Green
	304. 崖县球兰	*Hoya liangii* Tsiang
	305. 三脉球兰	*Hoya pottsii* J. Traill
	306. 海南同心结	*Parsonsia alboflavescens* (Dennst.) Mabb.
	307. 肉珊瑚	*Sarcostemma acidum* (Roxb.) Voigt
	308. 鲫鱼藤	*Secamone lanceolata* Blume

（续表）

科名 Family	中文名 Chinese Name	拉丁学名 Scientific Name
	309. 羊角拗	*Strophanthus divaricatus* (Lour.) Hook. & Arn.
	310. 弓果藤	*Toxocarpus wightianus* Hook. & Arn.
	311. 老虎须 *	*Tylophora arenicola* Merr.
	312. 娃儿藤	*Tylophora ovata* (Lindl.) Hook. ex Steud.
	313. 倒吊笔	*Wrightia pubescens* R. Br.
84. 紫草科 Boraginaceae	314. 基及树	*Carmona microphylla* (Lam.) G. Don
	315. 双柱紫草	*Coldenia procumbens* L.
	316. 橙花破布木	*Cordia subcordata* Lam.
	317. 台湾天芥菜 *	*Heliotropium formosanum* I. M. Johnst.
	318. 大苞天芥菜	*Heliotropium marifolium* Retz.
	319. 银毛树	*Tournefortia argentea* L. f.
	320. 台湾紫丹	*Tournefortia sarmentosa* Lam.
85. 旋花科 Convolvulaceae	321. 肾叶打碗花	*Calystegia soldanella* (L.) R. Br.
	322. 南方菟丝子	*Cuscuta australis* R. Br.
	323. 原野菟丝子 #	*Cuscuta campestris* Yunck.
	324. 圆叶土丁桂	*Evolvulus alsinoides* (L.) L. var. *rotundifolius* Hayata ex Ooststr.
	325. 假厚藤	*Ipomoea imperati* (Vahl) Griseb.
	326. 南沙薯藤	*Ipomoea littoralis* (L.) Blume
	327. 小心叶薯	*Ipomoea obscura* (L.) Ker Gawl.
	328. 厚藤	*Ipomoea pes-caprae* (L.) R. Br.
	329. 虎掌藤	*Ipomoea pes-tigridis* L.
	330. 羽叶薯	*Ipomoea polymorpha* Roem. & Schult.
	331. 管花薯	*Ipomoea violacea* L.
	332. 盒果藤	*Operculina turpethum* (L.) Silva Manso
	333. 腺叶藤 *	*Stictocardia tiliifolia* (Desr.) Hallier f.
86. 茄科 Solanaceae	334. 枸杞	*Lycium chinense* Mill.
	335. 灯笼果 #	*Physalis peruviana* L.
	336. 海南茄	*Solanum procumbens* Lour.
87. 木樨科 Oleaceae	337. 白皮素馨	*Jasminum rehderianum* Kobuski
88. 车前科 Plantaginaceae	338. 假马齿苋	*Bacopa monnieri* (L.) Wettst.
89. 玄参科 Scrophulariaceae	339. 苦槛蓝	*Pentacoelium bontioides* Siebold & Zucc.
90. 爵床科 Acanthaceae	340. 小花老鼠簕	*Acanthus ebracteatus* Vahl
	341. 老鼠簕	*Acanthus ilicifolius* L.
	342. 海榄雌	*Avicennia marina* (Forssk.) Vierh.
	343. 早田氏爵床	*Justicia hayatae* Yamam.
91. 紫葳科 Bignoniaceae	344. 海滨猫尾木	*Dolichandrone spathacea* (L. f.) Seem.
92. 马鞭草科 Verbenaceae	345. 过江藤	*Phyla nodiflora* (L.) Greene
93. 唇形科 Lamiaceae	346. 兰香草	*Caryopteris incana* (Thunb. ex Houtt.) Miq.

（续表）

科名 Family	中文名 Chinese Name	拉丁学名 Scientific Name
	347. 苦郎树	*Clerodendrum inerme* (L.) Gaertn.
	348. 小五彩苏	*Coleus scutellarioides* Elmer var. *crispipilus* (Merr.) H. Keng
	349. 滨海白绒草	*Leucas chinensis* (Retz.) R. Brown
	350. 绉面草	*Leucas zeylanica* (L.) R. Brown
	351. 伞序臭黄荆	*Premna serratifolia* L.
	352. 单叶蔓荆	*Vitex rotundifolia* L. f.
	353. 蔓荆	*Vitex trifolia* L.
94. 草海桐科 Goodeniaceae	354. 离根香	*Goodenia pilosa* subsp. *chinensis* (Benth.) D. G. Howarth & D. Y. Hong
	355. 小草海桐	*Scaevola hainanensis* Hance
	356. 草海桐	*Scaevola taccada* (Gaertn.) Roxb.
95. 菊科 Asteraceae	357. 茵陈蒿	*Artemisia capillaris* Thunb.
	358. 滨艾*	*Artemisia fukudo* Makino
	359. 雷琼牡蒿	*Artemisia hancei* (Pamp.) Ling & Y. R. Ling
	360. 白花鬼针草#	*Bidens pilosa* L.
	361. 野菊	*Chrysanthemum indicum* L.
	362. 蓟	*Cirsium japonicum* Fisch. ex DC.
	363. 台湾假还阳参	*Crepidiastrum taiwanianum* Nakai
	364. 芙蓉菊	*Crossostephium chinense* (L.) Makino
	365. 天人菊#	*Gaillardia pulchella* Foug.
	366. 鹿角草	*Glossocardia bidens* (Retz.) Veldkamp
	367. 白子菜	*Gynura divaricata* (L.) DC.
	368. 剪刀股	*Ixeris japonica* (Burm. f.) Nakai
	369. 沙苦荬菜	*Ixeris repens* (L.) A. Gray
	370. 匐枝栓果菊	*Launaea sarmentosa* (Willd.) Merr. et Chun
	371. 卤地菊	*Melanthera prostrata* (Hemsl.) W. L. Wagner & H. Rob.
	372. 阔苞菊	*Pluchea indica* (L.) Less.
	373. 光梗阔苞菊	*Pluchea pteropoda* Hemsl. ex Forbes & Hemsl.
	374. 蟛蜞菊	*Sphagneticola calendulacea* (L.) Pruski
	375. 南美蟛蜞菊#	*Sphagneticola trilobata* (L.) Pruski
	376. 羽芒菊#	*Tridax procumbens* L.
	377. 李花蟛蜞菊	*Wollastonia biflora* (L.) DC.
96. 海桐花科 Pittosporaceae	378. 台琼海桐	*Pittosporum pentandrum* (Blanco) Merr. var. *formosanum* (Hayata) Z. Y. Zhang & Turland
	379. 海桐	*Pittosporum tobira* (Thunb.) W. T. Aiton
97. 伞形科 Apiaceae	380. 滨当归	*Angelica hirsutiflora* S. L. Liu, C. Y. Chao & T. I. Chuang
	381. 珊瑚菜	*Glehnia littoralis* F. Schmidt ex Miq.
	382. 滨海前胡	*Peucedanum japonicum* Thunb.

备注：* 表示未调查到植物；# 表示外来植物。

Note：* indicates the species not found in field；# indicates the alien species.

表 2　中国热带海岸带耐盐植物各科属物种数目

Table 2　The salt-adapted species number of each family/genus in tropical costal zone of China

序号 Serial No.	科名 Family	属 / 种数 Genus/ Species No.	序号 Serial No.	科名 Family	属 / 种数 Genus/ Species No.	序号 Serial No.	科名 Family	属 / 种数 Genus/ Species No.
1	豆科	29/48	34	草海桐科	2/3	67	葡萄科	1/1
2	禾本科	25/30	35	棕榈科	2/2	68	南洋杉科	1/1
3	菊科	16/21	36	樟科	2/2	69	木樨科	1/1
4	莎草科	7/18	37	玉蕊科	1/2	70	木麻黄科	1/1
5	夹竹桃科	12/14	38	叶下珠科	2/2	71	马鞭草科	1/1
6	旋花科	6/13	39	鸭跖草科	1/2	72	罗汉松科	1/1
7	锦葵科	9/12	40	铁青树科	2/2	73	露兜树科	1/1
8	大戟科	7/12	41	水鳖科	2/2	74	龙脑香科	1/1
9	苋科	9/11	42	山茶科	1/2	75	龙胆科	1/1
10	茜草科	5/8	43	柳叶菜科	1/2	76	鳞始蕨科	1/1
11	紫茉莉科	2/8	44	景天科	1/2	77	鳞毛蕨科	1/1
12	桑科	2/8	45	蒺藜科	1/2	78	蓼科	1/1
13	红树科	4/8	46	海桐花科	1/2	79	莲叶桐科	1/1
14	唇形科	6/8	47	柽柳科	1/2	80	兰科	1/1
15	紫草科	5/7	48	白花丹科	1/2	81	苦木科	1/1
16	千屈菜科	2/7	49	柿科	1/2	82	堇菜科	1/1
17	山柑科	3/6	50	紫葳科	1/1	83	金星蕨科	1/1
18	无患子科	5/5	51	帚灯草科	1/1	84	金虎尾科	1/1
19	使君子科	3/5	52	针晶粟草科	1/1	85	姜科	1/1
20	报春花科	5/5	53	玄参科	1/1	86	葫芦科	1/1
21	芸香科	3/4	54	须叶藤科	1/1	87	胡颓子科	1/1
22	杨柳科	2/4	55	仙人掌科	1/1	88	红厚壳科	1/1
23	粟米草科	2/4	56	西番莲科	1/1	89	核果木科	1/1
24	鼠李科	4/4	57	桃金娘科	1/1	90	海人树科	1/1
25	马齿苋科	1/4	58	石竹科	1/1	91	防己科	1/1
26	楝科	4/4	59	石蒜科	1/1	92	番荔枝科	1/1
27	爵床科	3/4	60	十字花科	1/1	93	大麻科	1/1
28	卫矛科	3/3	61	肾蕨科	1/1	94	刺茉莉科	1/1
29	天门冬科	3/4	62	山茱萸科	1/1	95	车前科	1/1
30	伞形科	3/3	63	山榄科	1/1	96	百合科	1/1
31	茄科	3/3	64	瑞香科	1/1	97	远志科	1/1
32	凤尾蕨科	2/3	65	蔷薇科	1/1			
33	番杏科	3/3	66	漆树科	1/1			

目前，我国大部分耐盐植物的生态价值和利用价值远未得到发掘和利用。利用耐盐植物适应盐生环境的特点，在新开发区的建设、滨海城市园林绿化、海岸带恢复、海岛生态修复时，应加强对乡土海岸耐盐植物的

利用，减少对大众化“高大上”树种的应用，这样不仅可以减少养护成本，还可以使城市园林更具有地方特色。基于此，建议政府部门大力筛选并积极推广使用乡土耐盐植物，同时完善苗木培育生产技术（唐春艳 等，2016）。另外，许多耐盐植物还是良好的野生果蔬植物，这些抗逆性强、可食性高、营养丰富的植物是非常重要的食物植物资源库（王瑞江，2019）。有些耐盐植物还是良好的保健食品及药用植物（范作卿 等，2017）。在生态恢复上，耐盐植物还可以通过带走土壤中的盐分从而减少盐碱地的盐分积累和改良土壤的理化性质，以提高土壤肥力，使土地得到有效利用，促进农业的增产和经济的发展，并实现良好的生态效益（郭树庆 等，2018）。因此，对我国热带海岸地区耐盐植物资源的调查和利用，对于我国实现海洋发展具有重要的意义。

丰富的耐盐植物资源能够带来巨大的生态、经济和社会效益，目前正受到各国政府的高度重视。值得注意的是，以耐盐植物为主体形成的海岸带近海湿地生态系统，是全球单位面积生态服务功能最高的生态系统之一。它们极高的初级生产力和营养循环能力对海岸水体的物理、化学和生物环境带来了深远的影响。然而沿海地区众多环境问题的出现，造成海岸湿地面积衰减，植物物种多样性也受到显著影响，因此，对耐盐植物的生物多样性保护工作十分迫切（魏亚男 等，2017）。由于耐盐植物所处的生态系统非常脆弱，其所组成生态系统的一个重要生态因子——土壤的稳定性和自我恢复能力又很弱，因而对海岸野生植物资源的开发应极为慎重，必须严格执行合理利用与保护相结合的方针，才能真正解决资源保护与生产需求的矛盾，使资源得以长期可持续利用。另外，由于不同种类植物具不同程度的耐盐性，引种耐盐植物时要考虑盐土的性质，选择与其盐碱程度相适应的耐盐植物种类，以保障经济效益和生态作用（陈兴龙 等，1999）。

第二章
中国热带海岸带耐盐植物种类详述

第一部分　蕨类植物 Ferns

F1. 凤尾蕨科 Pteridaceae

（1）卤蕨 *Acrostichum aureum* L.

形态特征：植株高可达 2m。叶柄基部草黄色至浅栗色，光滑；叶厚革质；羽片 5 ～ 12 对；不育羽片狭长形，顶端圆至微凹，微突尖，中脉叶下突起；能育羽片明显偏小。孢子囊生在能育羽片下面。

产地和分布：广东、广西、海南、台湾、云南。全球热带地区。

生境：海岸泥滩或河口岸边，多伴生红树林。

（2）尖叶卤蕨 *Acrostichum speciosum* Willd.

形态特征：植株高可达 1.5m，叶柄草黄色，光滑；叶片羽片 5 ～ 8 对，不育羽片披针形，厚革质，顶端狭渐尖，主脉叶下明显突起；能育羽片顶端突尖且短尾状。

产地和分布：海南。澳大利亚；亚洲热带地区。

生境：近海平面生长，常见于红树林林缘。

(3) 傅氏凤尾蕨 *Pteris fauriei* Hieron.

形态特征：植株高 50 ～ 90cm。根状茎短而斜升。叶簇生，一型；叶片卵状三角形，二回深羽裂；侧生羽片近对生，3 ～ 9 对，顶端呈长尾状；裂片 20 ～ 30 对，互生或对生。孢子囊群线性；囊群盖线形。

产地和分布：我国华东、东南、华南、华中和西南。日本，越南。

生境：海岸山坡。

F2. 鳞毛蕨科 Dryopteridaceae

（4）全缘贯众 *Cyrtomium falcatum* (L. f.) C. Presl

形态特征：植株高 25 ～ 50cm。根状茎连同叶柄密生黑褐色大鳞片。叶近革质；叶片长圆状披针形，一回羽状；羽片卵状镰刀形，全缘或波状，边缘加厚。孢子囊群生在内藏小脉的中部；囊群盖盾形。

产地和分布：福建、广东、江苏、辽宁、山东、台湾、浙江。亚洲东部，太平洋岛屿。归化于欧洲，北美洲和非洲南部等地。

生境：沿海的岩石陡壁或坡地。

F3. 鳞始蕨科 Lindsaeaceae

(5) 阔片乌蕨 *Odontosoria biflora* (Kaulf.) C. Chr.

形态特征：植株高 30cm。根状茎短粗，横走，密被赤褐色钻形鳞片。叶近生，叶片三角状卵圆形，三回羽状；羽片 10 对；小羽片近菱状长圆形，先端钝，基部楔形。孢子囊群杯形，边缘着生，顶生于 1～2 条细脉上，囊群盖圆形，棕褐色。

产地和分布：福建、广东、海南、台湾、浙江。日本，菲律宾；太平洋岛屿。

生境：海滨石山上。

F4. 金星蕨科 Thelypteridaceae

（6）毛蕨 *Cyclosorus interruptus* (Willd.) H. Itô

形态特征：植株高达 1m。根状茎横走，黑色。叶卵状披针形或长圆状披针形，二回羽裂。叶近革质，上面光滑，下面沿各脉疏生柔毛及少数橙红色小腺体。孢子囊群圆形，生于侧脉中部，每裂片 5 ～ 9 对；囊群盖小，淡棕色，上面疏被白色柔毛。

产地和分布：福建、广东、广西、海南、江西、台湾、云南。全球热带和亚热带地区。

生境：入海口溪流附近，喜湿生。

F5. 肾蕨科 Nephrolepidaceae

（7）长叶肾蕨 *Nephrolepis biserrata* (Sw.) Schott

形态特征：植株高达 80cm。根状茎短而直立，鳞片红棕色。叶簇生；叶片一回羽状，羽片 30 ～ 55 对，基部不对称，上侧不为耳状，叶缘有疏缺刻或粗钝锯齿，主脉两面均明显。叶薄纸质或纸质。孢子囊群圆形，排列成整齐的 1 行生于自叶缘至主脉的 1/3 处；囊群盖圆肾形，褐棕色，无毛。

产地和分布：广东、海南、台湾、云南。澳大利亚；亚洲东部，东南至西南部，非洲，美洲和太平洋岛屿。

生境：海岸边的石头上时有分布。

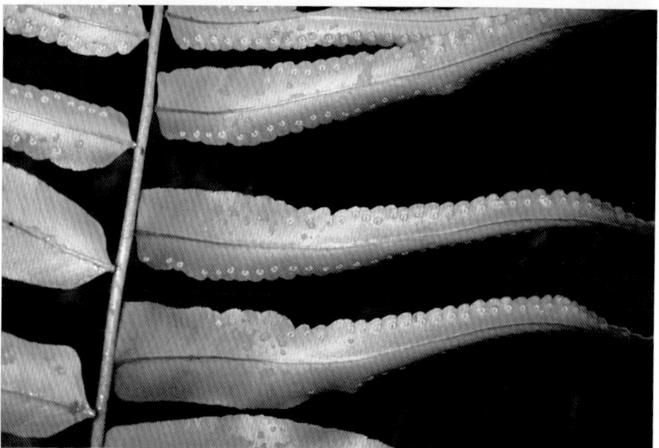

第二部分　裸子植物 Gymnosperms

G1. 南洋杉科 Araucariaceae

（1）异叶南洋杉 *Araucaria heterophylla* (Salisb.) Franco

形态特征：乔木，树冠塔形。叶二型，幼叶及侧生小枝的叶钻形；大树及花果枝上的叶宽卵形或三角状卵形。雄球花单生枝顶，圆柱形。球果近圆球形或椭圆状球形，通常长 8 ～ 12cm；苞鳞厚，先端具扁平的三角状尖头，尖头向上弯曲；种子椭圆形，稍扁，两侧具结合生长的宽翅。

产地和分布：福建、台湾、广东、云南。原产于澳大利亚。

生境：海岸沙地。

G2. 罗汉松科 Podocarpaceae

(2) 竹柏 *Nageia nagi* (Thunb.) Kuntze

形态特征：乔木。叶对生，革质，长卵形、卵状披针形或披针状椭圆形。雄球花单生于叶腋，穗状圆柱形；雌球花单生叶腋，花后苞片成肉质种托。种子圆球形，成熟时假种皮暗紫色，有白粉。花期3—5月，种子8—11月成熟。

产地和分布：福建、广东、广西、海南、湖南、江西、四川、台湾、浙江。日本。

生境：多生长在内陆的阔叶林中，但在广东台山川岛镇川岛茶湾村海滨沙地有一大片野生竹柏群落，与木麻黄混生。

第三部分　被子植物 Angiosperms

1. 番荔枝科 Annonaceae

（1）假鹰爪 *Desmos chinensis* Lour.

形态特征：直立或攀缘灌木。叶薄纸质或膜质，长圆形或椭圆形。花黄白色，单朵与叶对生或互生；外轮花瓣比内轮花瓣大。果有柄，念珠状，内有种子1～7颗；种子球状。花期夏季至冬季，果期6月至翌年春季。

产地和分布：广东、广西、贵州、海南、云南。亚洲南部至东南部。

生境：海岸山坡灌丛中，以及海南青皮林海滩沙地上。

2. 莲叶桐科 Hernandiaceae

（2）莲叶桐 *Hernandia nymphaeifolia* (C. Presl) Kubitzki

形态特征：常绿乔木。单叶互生，心状圆形，盾状，先端急尖，基部圆形至心形，全缘；叶柄几乎与叶片等长。聚伞花序或圆锥花序，腋生；花单性同株，两侧为雄花，花被片8枚，基部具杯状总苞。果为膨大总苞所包被，肉质；种子球形。花果期近全年。

产地和分布：海南、台湾。日本；亚洲东南部，非洲，太平洋岛屿。

生境：沙质海滩上和海岸疏林。

3. 樟科 Lauraceae

（3）无根藤 *Cassytha filiformis* L.

形态特征：寄生缠绕草本，借盘状吸根攀附于寄主植物上。茎线形，绿色或绿褐色。叶退化为微小的鳞片。穗状花序；花小，白色。花被裂片 6 枚，排成二轮。果小，卵球形，包藏于花后增大的肉质果托内，顶部具宿存花被片。花果期 5—12 月。

产地和分布：福建、广东、广西、贵州、海南、湖南、江西、台湾、云南、浙江。澳大利亚热带地区；亚洲，非洲。

生境：海岸坡地或灌丛中，寄生于其他海滨植物上。

(4) 潺槁木姜子 *Litsea glutinosa* (Lour.) C. B. Rob.

形态特征：乔木。叶互生，倒卵形、倒卵状长圆形或椭圆状披针形，先端钝或圆，基部楔形，钝或近圆；羽状脉。伞形花序，腋生；每一花序有花数朵；花两性，稀为由于不育而呈或近雌雄异株，花被不完全或缺；雄花中能育雄蕊多数，退化雌蕊无毛；雌花子房近圆形，花柱粗大。果球形。花期5—6月，果期9—10月。

产地和分布：福建、广东、广西、云南。亚洲南部至东南部。

生境：海岸山坡或沙地，常见于林缘、溪边、疏林或灌丛。

4. 水鳖科 Hydrocharitaceae

(5) 海菖蒲 *Enhalus acoroides* (L. f.) Royle

形态特征：多年生沉水海草。根状茎节上有许多须根；直立茎外包许多细丝状的叶鞘残存物。叶带状，基部具膜质鞘。雌雄异株；雄花序佛焰苞舟形，苞内花序轴上有许多雄花；雌佛焰苞内有一雌花。蒴果肉质，不规则开裂。花期5月。

产地和分布：海南。西太平洋和印度洋沿海。

生境：近海岸中潮线的浅水中。

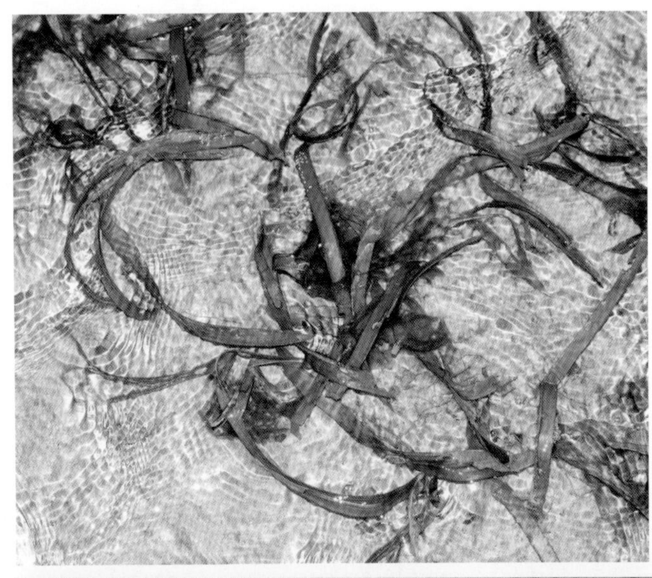

（6）喜盐草 *Halophila ovalis* (R. Br.) Hook. f.

形态特征：多年生沉水海草。茎匍匐、细长。叶2枚；叶片长椭圆形或卵形，全缘呈波状。花单性，雌雄异株；雄佛焰苞广披针形，雄花被片白色，具黑色条纹；雌佛焰苞苞片2枚，外苞片紧裹内苞片，均呈螺旋状扭卷；子房略三角形。果实近球形，具喙；果皮膜质。种子近球形。花期11—12月。

产地和分布：广东、海南、台湾。日本，澳大利亚；亚洲东南部和西南部，红海至西太平洋。

生境：热带地区近岸海水中。

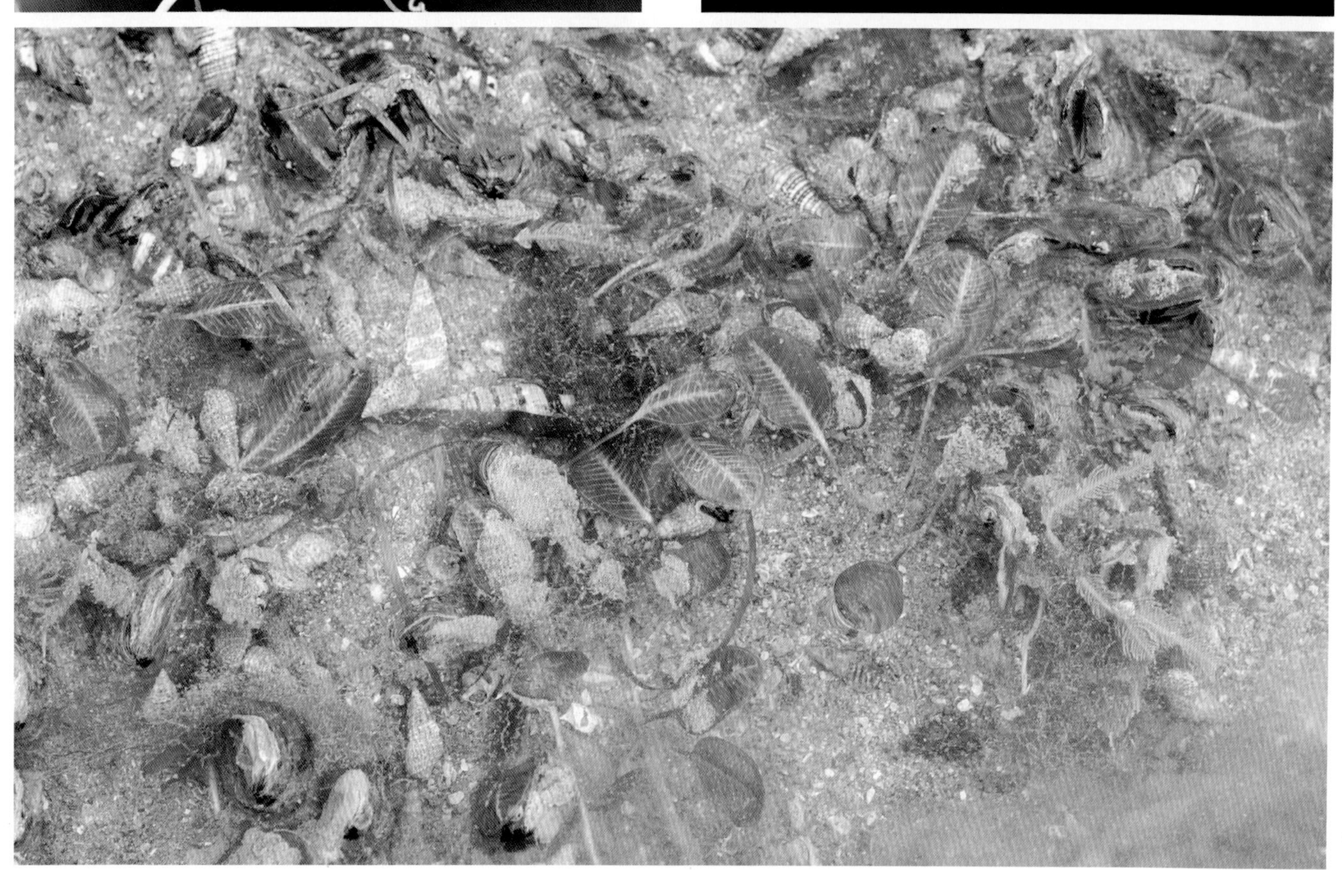

5. 露兜树科 Pandanaceae

（7）露兜树 *Pandanus tectorius* Parkinson

形态特征：常绿灌木或小乔木，具气根。叶簇生于枝顶。雄花序穗状，佛焰苞近白色，雄花芳香，雄蕊常为 10 ～ 25 枚；雌花序头状，单生枝顶，佛焰苞多枚，乳白色，心皮 5 ～ 12 枚合为一束，子房上位。聚花果大而悬垂，熟时橘红色；核果束倒圆锥形，柱头宿存。花期 1—5 月，果期 6—12 月。

产地和分布：福建、广东、广西、海南、贵州、台湾、云南。澳大利亚；亚洲热带地区，太平洋岛屿。

生境：海滨沙地，近高潮线附近，为海岸常见树种之一。

6. 百合科 Liliaceae

(8) 台湾百合 *Lilium formosanum* Wallace

形态特征：多年生草本。鳞茎近球形，鳞片矩圆状披针形至披针状卵形，白色或带黄色。叶散生，条形至窄披针形，全缘。花1～2朵，有时可多至10朵，排成近伞形、喇叭形，白色，外面带紫红色；花被片先端反卷。蒴果直立，圆柱形。花果期6—12月。

产地和分布：我国台湾地区。

生境：草坡或海滨礁石上，在海岸常与草海桐伴生。

7. 兰科 Orchidaceae

（9）美冠兰 *Eulophia graminea* Lindl.

形态特征：直立草本。叶3～5枚，在花全部凋萎后出现，线形或线状披针形；叶柄套叠而成短的假茎，外有数枚鞘。花葶从假鳞茎一侧发出，中部以下有数枚鞘。总状花序直立，疏生多数花。花期4—5月，果期5—6月。

产地和分布：安徽、广东、广西、贵州、海南、台湾、云南。日本；亚洲南部至东南部。

生境：海滨沙滩林下或草丛中，也可见于疏林草地、山坡阳处。

8. 石蒜科 Amaryllidaceae

（10）文殊兰 *Crinum asiaticum* L. var. *sinicum* (Roxb. ex Herb.) Baker

形态特征：多年生粗壮草本。鳞茎长圆柱形。叶20～30枚，多列，带状披针形。花茎直立，伞形花序有10～24朵，佛焰苞总苞片披针形；花高脚碟状；花被管绿白色，花被裂片线形，白色；雄蕊淡红色。蒴果近球形。花果期夏、秋季。

产地和分布：福建、广东、广西、台湾。

生境：海滨沙地，较为常见。

9. 天门冬科 Asparagaceae

（11）龙舌兰 *Agave americana* L.

形态特征：多年生植物。叶呈莲座状排列，通常30～40枚，大型，肉质，倒披针状线形，叶缘具有疏刺，顶端有一硬尖刺，刺暗褐色。圆锥花序大型，长6～12m，多分枝；花黄绿色；花被管状，长约1.2cm，花被裂片长2.5～3cm；雄蕊约为花被的2倍。蒴果长圆形。开花后花序上生成的珠芽很少。

产地和分布：我国华南及西南。原产于墨西哥。

生境：海滨沙滩常见。

（12）剑麻 *Agave sisalana* Perrine ex Engelm.

形态特征：多年生植物。茎短粗。叶呈莲座状排列，叶刚直，肉质，剑形，初被白霜，后渐脱落而呈深蓝绿色，叶缘无刺或偶有刺，顶端有一硬尖刺，刺红褐色。圆锥花序粗壮；花黄绿色，有浓烈气味。花后生珠芽；花被筒状，花被裂片卵状披针形；雄蕊6枚，着生花被裂片基部，花丝黄色，花药“丁”字形着生；子房长圆形，花柱纤细，柱头头状。蒴果。

产地和分布：我国华南及西南。原产于墨西哥。

生境：海滨沙滩及台地常见。

(13) 天门冬 *Asparagus cochinchinensis* (Lour.) Merr.

形态特征：攀缘植物。根在中部或近末端成纺锤状膨大。茎常弯曲或扭曲。叶通常 3 枚成簇，扁平或由于中脉龙骨状而呈锐三棱形，稍镰刀状；茎上鳞片状叶基部延伸为硬刺。花单性，常每 2 朵腋生，淡绿色。浆果球形，熟时红色。花期5—6月，果期8—9月。

产地和分布：我国中部及南部。亚洲东部和东南部。

生境：疏林山坡、路边、山谷、荒地或海滨沙地上，少见。

(14)异蕊草 *Thysanotus chinensis* Benth.

形态特征：多年生草本。根状茎短。叶条形或近扁丝状。花葶稍长于叶。伞形花序有花 4 ～ 10 朵，花被片边缘有时有流苏状齿，白色、粉红色至紫色。蒴果椭圆形，种子形似小玉米粒。花果期全年。

产地和分布：福建、广东。

生境：生于海滨干旱草坡上。

10. 棕榈科 Arecaceae

（15）水椰 *Nypa fruticans* Wurmb

形态特征：叶羽状全裂，坚硬而粗，羽片多数，整齐排列，线状披针形。雄花序葇荑状，着生于雌花序的侧边；雌花序球状，顶生。果序球形，上有32～38个成熟心皮，果实核果状，褐色，倒卵球状，略压扁而具六棱；种子近球形或阔卵球形。

产地和分布：海南。日本，澳大利亚；亚洲南部和东南部，太平洋岛屿。

生境：热带地区的河口滩涂上，成片生长或孤丛生长。

(16) 刺葵 *Phoenix loureiroi* Kunth

形态特征：植株大型，直立。茎丛生或单生。叶羽片线形，单生或 2 ～ 3 片聚生。花序直立，雌雄异序。果实卵形至倒卵形，成熟时紫黑色，基部具宿存杯状花萼。花期 4 月，果期 6—10 月。

产地和分布：福建、广东、广西、海南、台湾、云南。亚洲南部至东南部。

生境：海岸灌丛或陡坡上。

11. 鸭跖草科 Commelinaceae

（17）大苞水竹叶 *Murdannia bracteata* (C. B. Clarke) Kuntze ex J. K. Morton

形态特征：多年生草本。具横走的根状茎，根须状而多，密被长绒毛。主茎极短。叶在主茎上密集成莲座状，剑形，下部边缘有细长睫毛。蝎尾状聚伞花序常 2 ～ 3 个；总苞片叶状；聚伞花序花极为密集而呈头状；花瓣蓝色。蒴果宽椭圆状三棱形。花果期 5—11 月。

产地和分布：广东、广西、海南、云南。亚洲东南部。

生境：山谷水边或溪边沙地，海岸防风林沙地常见。

12. 姜科 Zingiberaceae

（18）艳山姜 *Alpinia zerumbet* (Pers.) B. L. Burtt & R. M. Sm.

形态特征：多年生大型直立草本。叶片披针形。圆锥花序呈总状花序式，下垂，花序轴紫红色；小苞片椭圆形，白色，顶端粉红色；花冠管短于花萼，裂片长圆形，后方的 1 枚较大，乳白色，顶端粉红色，唇瓣匙状宽卵形，顶端皱波状，黄色而有紫红色纹彩。蒴果卵圆形，顶端常冠以宿萼；种子有棱角。花期 4—6 月，果期 7—10 月。

产地和分布：广东、广西、海南、台湾、云南。亚洲南部和东南部。

生境：海岸灌丛中。

13. 莎草科 Cyperaceae

（19）扁秆荆三棱 *Bolboschoenus planiculmis* (F. Schmidt) T. V. Egorova

形态特征：多年生草本。茎三棱形，基部具块茎。叶基生或茎生。花两性；鳞片覆瓦状排列；叶状苞片 1～3 枚，最下方者常直立；雄蕊 3 枚；柱头 2 裂；小穗单生，卵圆形至近椭圆形，红褐色。瘦果倒卵形，黑褐色，具光泽。花期 5—6 月，果期 7—9 月。

产地和分布：我国东部。亚洲东部。

生境：海滩沼泽处及湖边、河岸湿地。

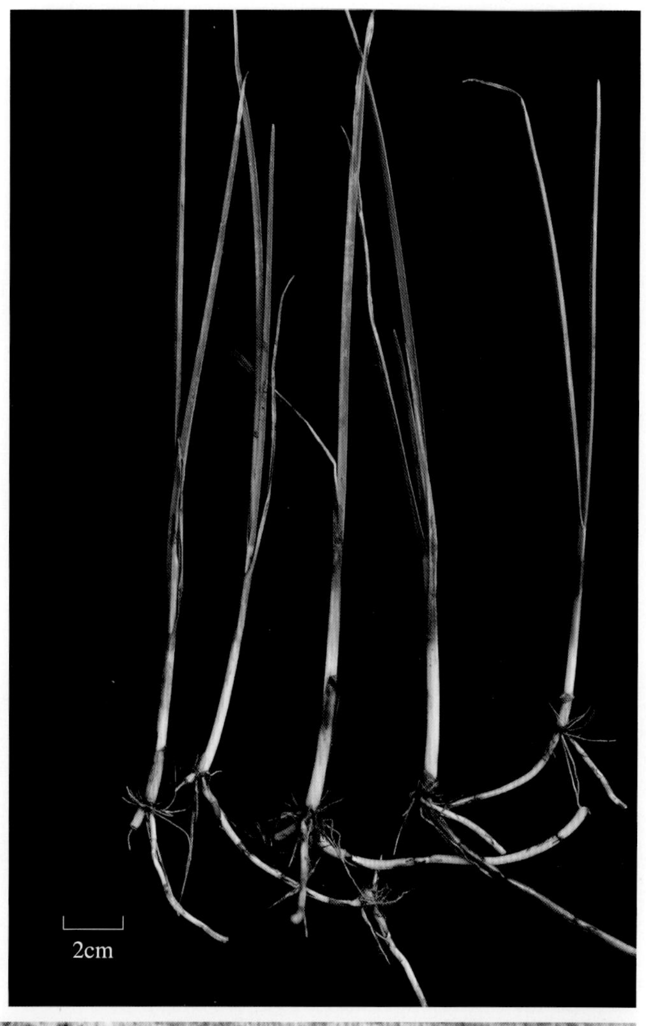

（20）球柱草 *Bulbostylis barbata* (Rottb.) C. B. Clarke

形态特征：一年生草本。无根状茎。叶线形。聚伞花序头状，具密集的无柄小穗3至数个；小穗披针形或卵状披针形，基部钝或圆；鳞片膜质，卵形或近宽卵形，棕色或黄绿色。小坚果倒卵形、三棱形，白色或淡黄色。花果期6—11月。

产地和分布：福建、广东、广西、海南、台湾；我国北部和东部沿海地区。澳大利亚；亚洲，非洲，大西洋和印度洋岛屿。归化于美洲。

生境：海滨沙地或河滩沙地上。

（21）矮生薹草 *Carex pumila* Thunb.

形态特征：多年生草本。根状茎细长。茎三棱形。叶长于或近等长于茎，平展或对折，具鞘。苞片叶状，长于茎。小穗3～6个，间距较短，上端2～3个为雄小穗，其余2～3个为雌小穗。果囊斜展，卵形或三棱形。小坚果宽倒卵形或近椭圆形、三棱形。花果期4—6月。

产地和分布：福建、广东、河北、江苏、辽宁、山东、台湾、浙江。亚洲东部及俄罗斯远东地区。

生境：海滨沙地。

（22）茳芏 *Cyperus malaccensis* Lam. subsp. *malaccensis*

形态特征：多年生草本，高 50 ~ 150cm。茎锐三棱形。苞片长于花序；长侧枝聚伞花序简单或复出；穗状花序卵形或阔卵形，轴无毛；鳞片排列疏松，卵形或椭圆形，成熟时反卷。小坚果长圆形，长约为鳞片的 3/4，成熟时黑色。

产地和分布：福建、广东、广西、江苏、江西、海南、四川、台湾、浙江。澳大利亚；亚洲东南部和南部。

生境：海滨盐沼及河口沿岸，淡水沼泽和河边、沟边也有。

(23) 短叶茳芏 *Cyperus malaccensis* subsp. *monophyllus* (Vahl) T. Koyama

形态特征：本亚种与原变种相比，叶片短或有时极短，有时最下面的叶鞘没有叶片。苞片短于花序；穗状花序松散；鳞片成熟时不反卷。花果期6—11月。

产地和分布：福建、广东、广西、海南、江苏、江西、四川、台湾、浙江。印度尼西亚，日本，越南。

生境：海滨盐沼及河口沿岸。

（24）羽状穗砖子苗 *Cyperus javanicus* Houtt.

形态特征：多年生植物。茎粗壮，钝三棱形。叶革质，通常长于茎，基部折合。叶状苞片较花序长；长侧枝聚伞花序复出或近于多次复出；穗状花序圆筒状，具多数小穗；鳞片复瓦状排列，宽卵形。小坚果宽椭球形或倒卵状椭球形、三棱形，黑褐色。花果期6—11月。

产地和分布：福建、广东、海南、江苏、江西、四川、台湾、浙江。澳大利亚；亚洲东南部至南部。

生境：海滨沙地、盐沼、水边。

（25）辐射穗砖子苗 *Cyperus radians* Nees & Meyen ex Kunth

形态特征：茎丛生。叶常向内折合。苞片等长或短于最长辐射枝；长侧枝聚伞花序具 2～7 个辐射枝，常较茎长；头状花序具 5 至多数小穗；鳞片密覆瓦状排列，顶端具延伸向外弯的硬尖，两侧苍白色，具紫红色条纹。小坚果长为鳞片的 1/2。花果期 8—9 月。

产地和分布：福建、广东、海南、山东、台湾、浙江。亚洲东南部。

生境：海滨沙地或荒地上。

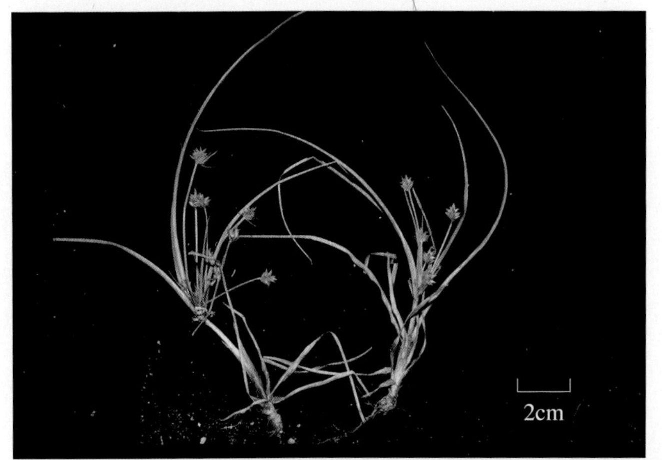

（26）香附子 *Cyperus rotundus* L.

形态特征：具块茎。茎锐三棱形。叶鞘常裂成纤维状。苞片 2 ～ 5 枚，常长于花序；长侧枝聚伞花序具 2 ～ 10 个辐射枝；穗状花序具 3 ～ 10 个小穗；鳞片膜质，中间绿色，两侧紫红色或红棕色。小坚果长圆状倒卵形。花果期 5—11 月。

产地和分布：我国东部和南部大部分地区。全球热带和温带地区。

生境：荒坡草地或水边潮湿处，海滨沙地常见。

（27）粗根茎莎草 *Cyperus stoloniferus* Retz.

形态特征：具块茎。基部叶鞘通常分裂成纤维状；叶常短于秆。叶状苞片 2 ～ 3 枚，通常下面 2 枚长于花序；简单长侧枝聚伞花序具 3 ～ 4 个伞梗；伞梗很短，有 3 ～ 8 个小穗；鳞片土黄色，有时带有红褐色斑块或紫斑纹。小坚果椭球形或倒卵形，黑褐色。花果期 7 月。

产地和分布：福建、广东、海南、台湾。澳大利亚，马达加斯加；亚洲东南部，太平洋和印度洋岛屿。

生境：海滨湿地、沙滩、潮湿的盐渍土上。

（28）黑果飘拂草 *Fimbristylis cymosa* R. Br. var. *cymosa*

形态特征：茎秆扁平且钝三棱形，基部加厚。叶宽 1.5 ～ 4mm。苞片短于花序；长侧枝聚伞花序，少有减缩为头状；小穗多数，单生或簇生；鳞片卵形，顶端钝；柱头 2 或 3 枚。小坚果宽倒卵形，成熟后紫黑色，三棱形或双凸状。花果期 6—10 月。

产地和分布：福建、广东、广西、海南、台湾、浙江。澳大利亚；亚洲南部和东南部，非洲。

生境：海滨沙滩、礁石上。

(29) 佛焰苞飘拂草 *Fimbristylis cymosa* var. *spathacea* (Roth) T. Koyama

形态特征： 茎钝三棱形，基部不加厚。叶1～3mm宽。苞片较花序短；长侧枝聚伞花序具数个长的伞梗；小穗单生或2～3个簇生；柱头常2枚，很少3枚。小坚果倒卵形或宽倒卵形，双凸状，稀为三棱形，紫黑色。花果期7—10月。

产地和分布： 福建、台湾、广东、广西、海南、浙江。亚洲东南部，非洲。

生境： 河滩石砾间和海滨沙地上。

（30）独穗飘拂草 *Fimbristylis ovata* (Burm. f.) J. Kern

形态特征：茎纤细，基部具多数叶。叶狭窄，宽0.5～1mm。苞片鳞片状，具长2～3mm的短尖，最下面的一片有时为叶状；小穗单个，顶生，卵形、椭球形或长圆状卵形；鳞片宽卵形或卵形。小坚果倒卵形，三棱形，表面具明显的疣状突起。花果期6—9月。

产地和分布：福建、广东、广西、贵州、海南、湖南、四川、台湾、云南、浙江。亚洲南部、东南部和西部，中南美洲，太平洋岛屿。

生境：海岸边的草坡和荒地等。

（31）细叶飘拂草 *Fimbristylis polytrichoides* (Retz.) R. Br.

形态特征：茎秆圆柱状，具纵槽，基部具少数叶。叶短于秆，近灯心草状；叶鞘黄棕色。小穗单个顶生，椭球形，顶端钝或圆，具10朵至多数花。小坚果倒卵形，双凸状，灰黑色，表面具稀疏的疣状突起和横长圆形网纹。花果期3—9月。

产地和分布：福建、台湾、广东、海南。马达加斯加；亚洲南部至东南部，非洲。

生境：海滨沙滩或盐地。

（32）绢毛飘拂草 *Fimbristylis sericea* R. Br.

形态特征：植物体各部分被白色绢毛；根状茎延伸，常向上分枝，外面包被黑褐色枯老的叶鞘。茎钝三棱形，具纵槽纹。叶片线形。苞片两面被白色绢毛，短于花序；长侧枝聚伞花序简单；小穗 3 ～ 10 个聚集成头状；鳞片卵形。小坚果倒卵形，双凸状。花果期 8—10 月。

产地和分布：福建、广东、广西、海南、台湾；浙江。澳大利亚；亚洲东部、东南部至南部，非洲。

生境：海滨沙地或沙丘。

（33）锈鳞飘拂草 *Fimbristylis sieboldii* Miq. ex Franch. & Sav.

形态特征：茎扁三棱形，基部稍膨大。叶线形。苞片稍长于花序，近于直立；长侧枝聚伞花序简单，具3～5个短伞梗；小穗单生，长圆状卵形、长球形；鳞片卵形或椭圆形，灰褐色，中部具深棕色条纹，上部被灰白色短柔毛，边缘具缘毛。小坚果倒卵形或宽倒卵形，扁双凸状，成熟时棕色或黑棕色。花果期6—8月。

产地和分布：安徽、福建、广东、山东、台湾、浙江。日本，朝鲜。

生境：海滨或盐沼地。

（34）多枝扁莎 *Pycreus polystachyos* (Rottb.) P. Beauv.

形态特征：茎密丛生，扁三棱形，坚挺。叶短于秆。苞片长于花序；复出长侧枝聚伞花序具多数辐射枝；小穗线形，具 10 ～ 30 朵花；鳞片密覆瓦状排列，绿色，两侧麦色或红棕色。小坚果近于长球形或卵状长球形，双凸状，长为鳞片的 1/2。花果期 5—10 月。

产地和分布：福建、广东、广西、海南、江苏、辽宁、台湾、浙江。全球热带和温带地区。

生境：海滨沙地或盐沼边上。

（35）海滨莎 *Remirea maritima* Aubl.

形态特征：茎近三棱柱形，有纵槽。叶披针形或线形。苞片叶状，长于花序；穗状花序通常 2 ～ 7 个成簇，着生于茎的顶端；小穗密聚，纺锤状椭圆形；小苞片有棕色条纹。小坚果圆筒状长椭球形，黑棕色，扁三棱形。花果期 9—12 月。

产地和分布：广东、海南、台湾。全球热带地区。

生境：海滨湿润处。

14. 帚灯草科 Restionaceae

（36）薄果草 *Dapsilanthus disjunctus* (Mast.) B. G. Briggs & L. A. S. Johnson

形态特征：根状茎密被灰黄色绒毛。茎直立，圆柱状。花序由若干密集的穗状花序排成稀疏的狭圆锥花序状；花雌雄异株或杂性同株；雄花花被片 4 ～ 6 枚，内轮较外轮小；雌花花被片 6 ～ 8 枚，柱头通常 3 枚。果椭球形。花期 4—7 月，果期 5—8 月。

产地和分布：广西、海南。亚洲东南部。

生境：海滨沙地。

15. 须叶藤科 Flagellariaceae

（37）须叶藤 *Flagellaria indica* L.

形态特征：攀缘植物。茎具紧密包裹的叶鞘。叶二列；叶片顶端渐狭成一扁平、盘卷的卷须，常以此攀缘于其他植物上。圆锥花序顶生；花被片白色。核果球形，成熟时带黄红色，内含1颗种子。花期4—7月，果期9—11月。

产地和分布：广东、广西、海南、台湾。澳大利亚；亚洲东南部，非洲，太平洋岛屿。

生境：攀附于红树林和海岸疏林中。

16. 禾本科 Poaceae

（38）台湾芦竹 *Arundo formosana* Hack.

形态特征：高大草本。秆常下垂。叶片披针形。顶生圆锥花序；小穗含 2 ～ 5 朵花，最顶端的小穗极度退化；颖片披针形；稃片狭披针形，顶端近全缘，芒自顶端齿凹处长出，长 1.5 ～ 3mm。颖果。花果期 6—12 月。

产地和分布：我国台湾地区。日本，菲律宾。

生境：海滨岩壁或山坡草地。

(39) 巴拉草 *Brachiaria mutica* (Forssk.) Stapf

形态特征：多年生草本，高 1.5 ～ 2.5m。秆粗壮，节上有毛。叶片扁平，基部或边缘多少有毛。圆锥花序，由 10 ～ 15 枚总状花序组成；总状花序长 5 ～ 10cm；小穗长约 3.2mm。花果期 8—11 月。

产地和分布：福建、广东、台湾、香港。原产于非洲热带地区和美洲。

生境：海滨高潮线以上的沙滩或泥质海岸。

（40）蒺藜草 *Cenchrus echinatus* L.

形态特征：草本。须根较粗壮。叶片线形或狭长披针形，上面近基部疏生长柔毛或无毛。总状花序直立；刺苞呈稍扁圆球形，刚毛在刺苞上轮状着生，具白色纤毛，总梗密具短毛，每刺苞内具小穗2～6个，小穗椭圆状披针形，含2朵小花。颖果椭圆状扁球形，背腹压扁。花果期夏、秋季。

产地和分布：福建、广东、海南、台湾、云南。原产于美洲热带地区。

生境：干热地区近海沙质草地上。

(41) 台湾虎尾草 *Chloris formosana* (Honda) Keng ex B. S. Sun & Z. H. Hu

形态特征：直立草本。茎节处生根并分枝。叶鞘两侧压扁，背部具脊，无毛；叶舌无毛；叶片线形。穗状花序 4 ～ 11 枚；小穗长 2.5 ～ 3mm，含 1 朵孕性小花及 2 朵不孕小花；芒长约 2mm。颖果纺锤形。花果期 8—10 月。

产地和分布：福建、广东、海南、台湾。越南。

生境：海滨沙地。

（42）扭鞘香茅 *Cymbopogon tortilis* (J. Presl) A. Camus

形态特征：密丛型具香味直立草本。叶鞘无毛；叶舌膜质，截圆形；叶片线形，无毛。伪圆锥花序较狭窄，具少数上举的分枝；佛焰苞红褐色；总状花序较短，具 3～5 节，成熟时总状花序叉开并向下反折。芒针钩状反曲。花果期 7—10 月。

产地和分布：安徽、福建、广东、贵州、海南、台湾、云南、浙江。菲律宾，越南。

生境：滨海干旱草地或山坡上。

（43）狗牙根 *Cynodon dactylon* (L.) Pers.

形态特征：低矮草本。茎细而坚韧，下部匍匐地面蔓延甚长，节上常生不定根；叶片线形，通常两面无毛。穗状花序 2 ～ 6 枚；小穗灰绿色或带紫色，仅含 1 朵小花。颖果长圆柱形。花果期全年。

产地和分布：我国西北部至东南部。全球热带和温带地区。

生境：海岸旁边的荒地、沙地上。

(44) 龙爪茅 *Dactyloctenium aegyptium* (L.) Willd.

形态特征：秆直立，或基部横卧地面，于节处生根且分枝。叶片扁平，顶端尖或渐尖，两面被疣基毛。穗状花序 2 ～ 7 个指状排列于秆顶；小穗含 3 朵小花。囊果球状。花果期 5—10 月。

产地和分布：我国华东、华南和西南。亚洲，非洲。归化于美洲和欧洲。

生境：海滨沙地、山坡或草地。

（45）**异马唐** *Digitaria bicornis* (Lam.) Roem. & Schult.

形态特征：秆下部匍匐，节上生根。叶片线状披针形，基部生疣基柔毛。总状花序 5 ～ 7 枚，轮生于主轴上呈伞房状；穗轴具翼；小穗异型。花果期 5—9 月。

产地和分布：福建、海南、云南。澳大利亚；亚洲南部至东南部，非洲。引种于美洲。

生境：海滨及河岸沙地。

（46）二型马唐 *Digitaria heterantha* (Hook. f.) Merr.

形态特征：秆直立，下部匍匐地面，节上生根并分枝。叶片粗糙，下部两面生疣基柔毛。总状花序粗硬，2 或 3 枚；穗轴挺直，有窄翅，节间长为其小穗的 2 倍；孪生小穗异性。花果期 6—10 月。

产地和分布：福建、广东、海南、台湾。亚洲东南部。

生境：海滨沙地。

(47) 绒马唐 *Digitaria mollicoma* (Kunth) Henrard

形态特征：茎下部倾卧地面或具长匍匐茎，全株密生疣基柔毛，节具分枝。叶片披针形至线状披针形，边缘增厚。总状花序 2 ～ 7 枚，互生于主轴上，呈伞房状；穗轴具翼；小穗柄具短毛。花果期 8—10 月。

产地和分布：安徽、福建、江西、台湾、浙江。印度尼西亚，马来西亚；太平洋岛屿。

生境：海滨沙地。

（48）黄茅 *Heteropogon contortus* (L.) P. Beauv. ex Roem. & Schult.

形态特征：丛生草本。秆基部常膝曲上升。叶片线形，扁平或对折，顶端渐尖或急尖，基部稍收窄，两面粗糙或表面基部疏生柔毛。总状花序单生于主枝或分枝顶，芒常于花序顶扭卷成 1 束；花序基部具 3 ～ 12 对同性小穗，无芒。花果期 4—12 月。

产地和分布：我国西北至东南大部分地区。全球热带和温带地区。

生境：海岸堤岸和干旱坡地上。

（49）白茅 *Imperata cylindrica* (L.) Raeusch.

形态特征：直立草本。根状茎发达，全株被毛。圆锥花序顶生，小穗成对，两颖草质及边缘膜质，近相等，具 5 ～ 9 脉，顶端渐尖或稍钝，常具纤毛，脉间疏生长丝状毛。颖果椭圆形。花果期 4—8 月。

产地和分布：我国大部分地区。东半球热带和温带地区。

生境：河岸、海滨沙荒地上。

（50）金黄鸭嘴草 *Ischaemum aureum* (Hook. & Arn.) Hack.

形态特征：秆高 20 ~ 30cm。叶舌纸质，截平，背部具纤毛；叶片长约 5cm、宽约 4mm。总状花序 2 枚，总状花序轴节间与小穗柄加厚膨胀；小穗成对。颖果长圆形。花果期 6—8 月。

产地和分布：我国台湾地区。日本。

生境：海岸珊瑚礁和峭壁上。

（51）小黄金鸭嘴草 *Ischaemum setaceum* Honda

形态特征：多年生草本。叶片线状披针形。总状花序 2 枚，淡黄色；小穗成对，上方的具柄，下方的无柄；总状花序轴黄色，具柔毛。花果期 6—8 月。

产地和分布：我国台湾地区。

生境：海岸沙滩上。

（52）细穗草 *Lepturus repens* (G. Forst.) R. Br.

形态特征：多年生草本。茎丛生，具分枝，基部各节常生根或有时作匍茎状。叶片质硬，线形，无毛或上面通常近基部具柔毛，边缘呈小刺状粗糙。穗状花序直立；小穗含2朵小花。颖果椭圆形。花果期6—8月。

产地和分布：我国台湾地区。澳大利亚；亚洲东部和东南部，非洲，印度洋和太平洋岛屿。

生境：海滨珊瑚礁和岩石上。

（53）红毛草 *Melinis repens* (Willd.) Zizka

形态特征：多年生草本。秆直立。叶线形。圆锥花序开展，分枝纤细；小穗柄纤细弯曲，顶端稍膨大，疏生长柔毛；小穗卵形，常被粉红色绢毛。颖果长圆形。花果期 6—11 月。

产地和分布：福建、广东、广西、海南、台湾。原产于南非。

生境：海岸石缝和沙地上。

（54）铺地黍 *Panicum repens* L.

形态特征：多年生草本。根茎粗壮发达。茎直立，坚挺。叶片质硬，线形，顶端渐尖。圆锥花序开展，分枝斜上，具棱槽；小穗长圆形，无毛，顶端尖。花果期6—11月。

产地和分布：我国华南和东南。原产于欧洲南部和非洲。

生境：海滨及潮湿处。

（55）双穗雀稗 *Paspalum distichum* L.

形态特征：多年生草本。匍匐茎横走、粗壮，节生柔毛。叶片披针形，无毛。总状花序2枚对连；穗轴宽1.5～2mm；小穗倒卵状长圆形，顶端尖，疏生微柔毛。花果期5—9月。

产地和分布：我国东部、中部、南部和西南部。

生境：海滨沙地常见。

（56）海雀稗 *Paspalum vaginatum* Sw.

形态特征：多年生草本。具根状茎与长匍匐茎，节上抽出直立的枝秆。叶片线形，顶端渐尖，内卷。总状花序大多2枚，对生，有时1或3枚，直立，后开展或反折，长2～5cm；穗轴平滑无毛；小穗卵状披针形。花果期6—9月。

产地和分布：海南、香港、台湾、云南。全球热带和亚热带地区。

生境：海滨沙地及盐碱湿地，为海岸先锋植物。

（57）茅根 *Perotis indica* (L.) Kuntze

形态特征：茎丛生，基部稍倾斜或卧伏。叶片披针形，质地稍硬，扁平或边缘内卷。穗形总状花序直立，穗轴具纵沟，小穗脱落后小穗柄宿存于主轴上；小穗基部具基盘。花果期夏、秋季。

产地和分布：广东、海南、山东、台湾、云南。澳大利亚；亚洲南部和东南部，非洲。

生境：海滨沙地、平原溪边湿润草地中。

（58）芦苇 *Phragmites australis* (Cav.) Trin. ex Steud.

形态特征：多年生挺水草本。秆高 1 ～ 3m，节下被蜡粉。叶片披针状线形，顶端长渐尖成丝形。圆锥花序大型，分枝多数，着生稠密下垂的小穗；小穗长约 12mm，含 3 ～ 7 朵花。颖果圆柱形至狭椭球形。花果期 7—11 月。

产地和分布：全国各地。澳大利亚；亚洲南部和东南部，非洲。

生境：湖岸、低湿地和河口滩涂。

（59）甜根子草 *Saccharum spontaneum* L.

形态特征：多年生草本，高 1 ～ 2m。根状茎发达，茎中空，具多节，节具短毛。叶片线形，灰白色，边缘呈锯齿状粗糙。圆锥花序长 20 ～ 40cm，稠密，主轴密生丝状柔毛；总状花序轴边缘与外侧面疏生长丝状柔毛；无柄小穗披针形。花果期 7—9 月。

产地和分布：我国东部和西南部。澳大利亚；亚洲，非洲，太平洋岛屿。

生境：海岸山坡、河岸、砾石沙滩荒洲。

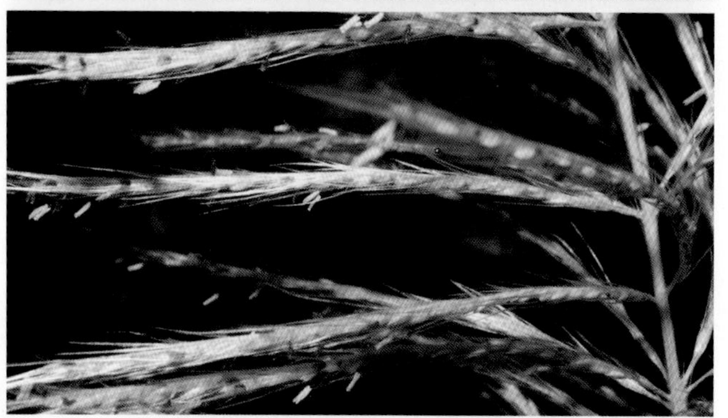

（60）狗尾草 *Setaria viridis* (L.) P. Beauv.

形态特征：直立草本。叶片长三角状狭披针形或线状披针形，先端渐尖，边缘粗糙。圆锥花序紧密呈圆柱状或基部稍疏离，直立或稍弯垂，主轴被较长柔毛，通常绿色或褐黄色到紫红色或紫色；小穗 2 ～ 5 个簇生于主轴上或更多的小穗着生在短小枝上。颖果灰白色。花果期 5—10 月。

产地和分布：全国各地。东半球热带至温带地区。

生境：海岸沙地和山坡。

（61）**互花米草** *Spartina alterniflora* Loisel.

形态特征：多年生高秆型草本。根系发达，根状茎长而粗。茎直立，不分枝。叶互生，长披针形，长达 90cm，干时稍内卷，先端渐狭成丝状，具盐腺。叶舌毛环状。圆锥花序由 3 ～ 13 个穗状花序组成，花柱 2 枚，呈白色羽毛状；雄蕊 3 枚，花药黄色，成熟时纵裂。花果期 7—12 月。

产地和分布：山东、江苏、福建、台湾、广东、广西、河北。原产于北美洲。

生境：潮水能到达的海滩沼泽中，在原产地是最常见的盐沼植物。

（62）鬣刺 *Spinifex littoreus* (Burm. f.) Merr.

形态特征：小灌木状草本。须根长而坚韧。茎粗壮、坚实，表面被白蜡质，平卧地面部分长达数米。叶片线形，质坚而厚，下部对折，上部卷合如针状。雄穗生数枚雄小穗，先端延伸于顶生小穗之上而成针状；雌花序球形，雌穗轴针状。花果期夏、秋季。

产地和分布：福建、广东、广西、海南、台湾。亚洲东南部。

生境：海滨沙滩。

（63）盐地鼠尾粟 *Sporobolus virginicus* (L.) Kunth

形态特征：多年生草本。须根粗壮，秆细，上部多分枝，基部节上生根。叶革质，两侧内卷呈针状。圆锥花序紧缩呈穗状，狭窄成线形，分枝直立贴生，下部分出小枝与小穗；小穗灰绿色或草黄色，披针形。果近球形。花果期 6—9 月。

产地和分布：福建、广东、海南、台湾、浙江。亚洲热带和亚热带地区。

生境：沿海低于高潮线以下的沙土中。

（64）锥穗钝叶草 *Stenotaphrum micranthum* (Desv.) C. E. Hubb.

形态特征：茎下部平卧，上部直立，节着土生根和抽出花枝，花枝高约35cm。叶片披针形，扁平，顶端尖。花序主轴圆柱状，坚硬；穗状花序嵌生于主轴的凹穴内，具2～4小穗；小穗长圆状披针形，一面扁平，一面突起。花果期春季。

产地和分布：海南（西沙岛屿）。巴布亚新几内亚，澳大利亚；印度洋和太平洋岛屿。

生境：珊瑚岛沙地、海滨沙滩或林下。

（65）蒭雷草 *Thuarea involuta* (G. Forst.) R. Br. ex Sm.

形态特征：匍匐草本。节下生根，向上生叶和花序。叶片披针形，常两面有细柔毛。穗状花序；佛焰苞顶端尖，背面被柔毛；穗轴叶状，两面密被柔毛，下部具一两性小穗，上部具4～5雄性小穗，顶端延伸成一尖头。花果期4—12月。

产地和分布：广东、海南、台湾。马达加斯加，澳大利亚；亚洲东南部，印度洋岛屿，太平洋岛屿。

生境：海滨沙滩或珊瑚礁石上，为先锋植物。

(66) 沟叶结缕草 *Zoysia matrella* (L.) Merr.

形态特征：茎直立，基部节间短，每节具一至数个分枝。叶片质硬，内卷，上面具沟，顶端尖锐。总状花序呈细柱形；小穗柄紧贴穗轴；小穗卵状披针形，黄褐色或略带紫褐色。颖果长卵形，棕褐色。花果期 7—10 月。

产地和分布：广东、海南、台湾。亚洲热带地区。

生境：海岸沙地或泥地上。

（67）中华结缕草 *Zoysia sinica* Hance

形态特征：茎直立，常具宿存枯萎的叶鞘。叶片淡绿色或灰绿色，背面色较淡，无毛，质地稍坚硬，扁平或边缘内卷。总状花序穗状，小穗排列稍疏；小穗披针形或卵状披针形，黄褐色或略带紫色。颖果棕褐色，长椭圆形。花果期 5—10 月。

产地和分布：我国沿海各省区。日本，朝鲜。

生境：海滨沙滩、河岸、路旁草地上。

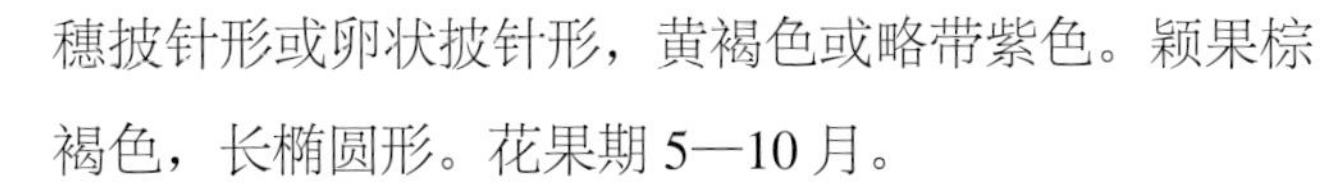

17. 防己科 Menispermaceae

（68）木防己 *Cocculus orbiculatus* (L.) DC.

形态特征：木质藤本。叶片纸质至近革质，形状变异极大。聚伞花序少花，腋生，或排成多花，狭窄的聚伞圆锥花序，顶生或腋生，被柔毛。核果近球形，红色至紫红色。

产地和分布：我国中部和东部。亚洲热带和亚热带地区，印度洋和太平洋岛屿。

生境：海滨灌丛、林缘和红树林中。

18. 景天科 Crassulaceae

（69）东南景天 *Sedum alfredii* Hance

形态特征：多年生草本。茎单生或有分枝。叶互生，下部叶常脱落，上部叶常聚生，线状楔形、匙形或匙状倒卵形，先端钝，有时微缺，基部狭楔形，全缘。聚伞花序多花；花瓣黄色。蓇葖果。花期4—5月，果期6—8月。

产地和分布：我国中部和东部。日本，朝鲜。

生境：林下湿石上，海滨岩石缝中。

（70）台湾佛甲草 *Sedum formosanum* N. E. Brown

形态特征：多年生草本。茎自基部分支，直立；叶互生或对生；叶片肉质，倒卵形或近圆形，全缘，先端钝圆，基部楔形。伞房状聚伞花序，花多数；苞片叶状。花无梗，5 数；花瓣 5 枚，黄色。蓇突果。花期 3—5 月，果期 6—7 月。

产地和分布：我国台湾地区。日本，菲律宾。

生境：海滨礁石或沙地。

19. 葡萄科 Vitaceae

（71）小果葡萄 *Vitis balansana* Planch.

形态特征：木质藤本。小枝圆柱形。卷须 2 分叉，间断与叶对生。叶心状卵圆形或阔卵形，顶端急尖或短尾尖，基部心形。圆锥花序与叶对生。果实球形，成熟时紫黑色；种子倒卵长圆形，顶端圆形，基部显著有喙。花期 2—8 月，果期 6—11 月。

产地和分布：广东、广西、海南。越南。

生境：海岸灌丛和海滨沙滩。

20. 蒺藜科 Zygophyllaceae

（72）大花蒺藜 *Tribulus cistoides* L.

形态特征：枝平卧地面或上升，密被柔毛；老枝具纵裂沟槽。小叶 4 ～ 7 对，近无柄，矩圆形或倒卵状矩圆形，先端圆钝或锐尖，基部偏斜，表面疏被柔毛，背面密被长柔毛。花腋生；花梗与叶近等长。分果瓣有小瘤体和锐刺。花期 5—6 月。

产地和分布：海南、台湾、云南。全球热带地区。

生境：海滨沙滩、疏林及干热河谷。

（73）蒺藜 *Tribulus terrestris* L.

形态特征：茎平卧，无毛，被长柔毛或长硬毛。偶数羽状复叶；小叶 3 ～ 8 对，矩圆形或斜短圆形，先端锐尖或钝，基部稍偏科，被柔毛。花腋生，花梗短于叶，花黄色。分果瓣有锐刺和小瘤体。花期 5—8 月，果期 6—9 月。

产地和分布：全国各地。全球分布。

生境：沙地、荒地、山坡，海滨沙地常见。

21. 豆科 Fabaceae

（74）相思子 *Abrus precatorius* L.

形态特征：藤本。羽状复叶；小叶先端截形，具小尖头，基部近圆形，上面无毛，下面被稀疏白色糙伏毛。总状花序，腋生；花密集成头状；花冠紫色。荚果长圆形，果瓣成熟时开裂；种子椭圆形，上部鲜红色，下部黑色，有剧毒。花期3—6月，果期9—10月。

产地和分布：广东、广西、台湾、云南。全球热带地区。

生境：海滨林缘。

（75）台湾相思 *Acacia confusa* Merr.

形态特征：常绿乔木。叶状柄革质，披针形，两端渐狭，先端略钝。头状花序球形，单生或 2 ～ 3 个簇生于叶腋；花金黄色；花瓣淡绿色。荚果扁平，种子间微缢缩，顶端钝而有凸头，基部楔形；种子 2 ～ 8 颗，椭圆形。花期 3—10 月，果期 8—12 月。

产地和分布：福建、广东、广西、海南、台湾、江西、四川、云南、浙江有栽培。原产于菲律宾。

生境：海岸山地或海滨沙地，亦见于红树林缘。

（76）合萌 *Aeschynomene indica* L.

形态特征：亚灌木状草木。叶具 20 ～ 30 对小叶或更多；小叶线状长圆形，先端钝圆或微凹，具细刺尖头，基部歪斜，全缘。总状花序比叶短，腋生；花冠淡黄色，具紫色的纵脉纹。荚果细圆柱形；种子黑棕色，肾形。花期 3—10 月，果期 8—12 月。

产地和分布：我国北部、中部和东部。澳大利亚；亚洲，非洲热带地区，太平洋岛屿，南美洲。

生境：海滨沙地常见。

(77) 链荚豆 *Alysicarpus vaginalis* (L.) DC.

形态特征：多年生草本。茎平卧或上部直立，无毛或稍被短柔毛。单叶；茎上部和下部小叶形状及大小变化很大。总状花序，腋生或顶生，成对排列于节上；花冠紫蓝色。荚果扁圆柱形，被短柔毛，荚节间不收缩，有略隆起线环。花期 9 月，果期 9—11 月。

产地和分布：福建、广东、广西、海南、台湾、云南。亚洲、欧洲热带地区。美洲有引种。

生境：海滨沙地、空旷草坡等处。

（78）小刀豆 *Canavalia cathartica* Thouars

形态特征：草质藤本。羽状复叶具3小叶。小叶卵形，顶端渐尖或圆形，不微凹，两面脉上被极疏的白色短柔毛。花1～3朵生于花序轴的每一节上；花萼上唇裂齿阔而圆，下唇3裂齿较小；花冠粉红色或近紫色。荚果长圆形，顶端具喙尖；种子椭圆形，褐黑色。花果期4—10月。

产地和分布：广东、海南、台湾。澳大利亚；亚洲热带地区，非洲。

生境：海滨沙地，攀缘于红树林植物上。

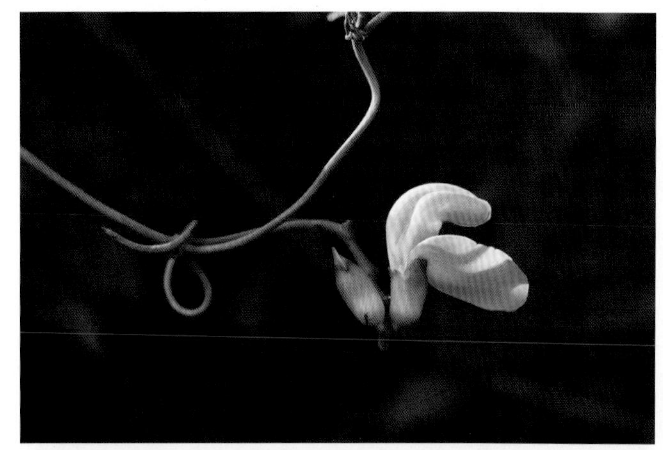

（79）海刀豆 *Canavalia rosea* (Sw.) DC.

形态特征：草质藤本。羽状复叶具 3 小叶。小叶倒卵形、卵形、椭圆形或近圆形，顶端圆形或平截，常微凹，稀渐尖。总状花序，腋生；花 1 ～ 3 朵聚生于花序轴近顶部的每一节上；花萼上唇裂齿半圆形，下唇 3 裂片；花冠紫红色。荚果线状长圆形，顶端具喙尖；种子椭圆形，种皮褐色。花期 6—7 月。

产地和分布：福建、广东、广西、海南、台湾、浙江。全球热带海岸地区。

生境：海滨沙滩上。

（80）刺果苏木 *Caesalpinia bonduc* (L.) Roxb.

形态特征：藤木。各部均被黄色柔毛；有刺。二回羽状复叶；小叶 6～12 对，膜质，长圆形，先端圆钝而有小凸尖，基部斜。总状花序，腋生；花瓣黄色。荚果革质，长圆形，顶端有喙，外面具细长针刺；种子近球形。花期 8—10 月；果期 10 月至翌年 3 月。

产地和分布：广东、广西、海南、台湾。全球泛热带地区。

生境：海滨沙滩高潮线附近。

（81）铺地蝙蝠草 *Christia obcordata* (Poir.) Bakh. f. ex Meeuwen

形态特征：平卧草本。全株被灰色短柔毛。叶多为三出复叶；顶生小叶多为肾形、圆三角形或倒卵形，先端截平而略凹，侧生小叶较小，倒卵形、心形或近圆形。总状花序多为顶生；花冠蓝紫色或玫瑰红色。荚果有荚节 4 ～ 5 个。花期 5—8 月，果期 9—10 月。

产地和分布：福建、广东、广西、海南、台湾。澳大利亚；亚洲南部至东南部。

生境：分布于旷野、开阔草地与滨海草地上。

(82) 针状猪屎豆 *Crotalaria acicularis* Buch.-Ham. ex Benth.

形态特征：多年生草本。茎多分枝，铺地散生或直立，全部被褐色伸展的丝质毛。单叶，叶片圆形或长圆形，先端圆或渐尖，基部渐狭或略成心形，两面被稀疏伸展的白色丝质毛。总状花序顶生或腋生，有花5～30朵；花冠黄色。荚果短圆柱形；种子10～12颗。花期8—11月，果期12月至翌年2月。

产地和分布：海南、台湾、云南。澳大利亚；亚洲南部至东南部。

生境：荒地、路边、山坡灌丛及海岸草地上。

（83）猪屎豆 *Crotalaria pallida* Aiton

形态特征：多年生灌木状草本。托叶刚毛状，早落；叶三出；小叶长圆形或椭圆形，先端钝圆或微凹，基部阔楔形。总状花序顶生；小苞片的形状与苞片相似；花冠黄色。荚果长圆形，幼时被毛，成熟后脱落，果瓣开裂后扭转；种子20～30颗。花果期9—12月。

产地和分布：福建、台湾、广东、广西、四川、云南等。

生境：沙质土壤中，海滨沙地常见。

（84）吊裙草 *Crotalaria retusa* L.

形态特征：直立草本；茎枝圆柱形，具浅小沟纹，被短柔毛。单叶，叶片长圆形或倒披针形，先端凹，基部楔形。总状花序顶生；花冠黄色。荚果长圆形；种子 10 ～ 20 颗。花果期 10 月至翌年 4 月。

产地和分布：广东、海南。亚洲热带和亚热带地区，非洲热带地区，美洲，太平洋岛屿。

生境：海滨沙滩和山坡草地。

(85) 球果猪屎豆 *Crotalaria uncinella* Lamk. subsp. *elliptica* (Roxb.) Polhill

形态特征：草本或亚灌木。叶三出；小叶椭圆形，先端钝，具短尖头或有时凹，基部略楔形，上面无毛，下面被短柔毛，顶生小叶较大。总状花序顶生，腋生或与叶对生；花冠黄色。荚果卵球形；种子朱红色。花期 8—10 月，果期 11—12 月。

产地和分布：广东、广西、海南。印度，马来西亚，泰国，越南。

生境：海滨沙地或海岸山坡。

（86）光萼猪屎豆 *Crotalaria zanzibarica* Benth.

形态特征：草本或亚灌木；叶三出，小叶长椭圆形，两端渐尖，先端具短尖，上面光滑无毛，下面被短柔毛。总状花序顶生，有花 10 ～ 20 朵，花序长达 20cm；小苞片与苞片同形，稍短小；花萼无毛；花冠黄色，伸出萼外。荚果长圆柱形；种子 20 ～ 30 颗，肾形，成熟时朱红色。花果期 4—12 月。

产地和分布：湖南、福建、台湾、广东、广西、海南等。原产于南美洲。

生境：田园路边、荒草地及海滨沙地。

（87）弯枝黄檀 *Dalbergia candenatensis* (Dennst.) Prain

形态特征：藤本。枝先端常扭转为螺旋钩状。羽状复叶；小叶1～3对，倒卵状长圆形，先端圆或钝，有时微缺，基部楔形。圆锥花序，腋生；花冠白色。荚果半月形，基部具短果颈，果瓣硬革质，具不明显的网纹；种子肾形，扁平。花期5—8月，果期6—11月。

产地和分布：广东、广西、海南。亚洲东南部。

生境：沿海地区红树林缘，攀缘于树上。

（88）伞花假木豆 *Dendrolobium umbellatum* (L.) Benth.

形态特征：灌木或小乔木。嫩枝密被黄色或白色贴伏丝状毛。三出羽状复叶；小叶椭圆形、卵形至圆形或宽卵圆形。伞形花序，腋生；花冠白色。荚果狭长圆形，有荚节 3 ～ 8 个；种子椭圆形或宽椭圆形。花期 8—10 月，果期 11 月至翌年 3 月。

产地和分布：我国台湾地区。澳大利亚；亚洲南部至东南部，非洲，太平洋岛屿。

生境：海岸灌丛中。

（89）鱼藤 *Derris trifoliata* Lour.

形态特征：攀缘状灌木。枝叶均无毛。羽状复叶；小叶通常 2 对，卵形或卵状长椭圆形，先端渐尖，钝头，基部圆形或微心形。总状花序，腋生；花冠白色或粉红色。荚果斜卵形、圆形或阔长椭圆形，扁平，腹缝有狭翅；种子椭圆形。花期 4—8 月，果期 8—12 月。

产地和分布：福建、广东、广西、台湾。澳大利亚；亚洲南部至东南部，非洲，太平洋岛屿。

生境：海岸红树林中及河岸等地。

(90) 异叶山蚂蝗 *Desmodium heterophyllum* (Willd.) DC.

形态特征：草本。羽状三出复叶。小叶纸质，顶生宽椭圆形或宽椭圆状倒卵形；侧生小叶长椭圆形、椭圆形或倒卵状长椭圆形，先端圆或近截平，常微凹，基部钝，上面无毛或两面均被疏毛。花单生或对生于叶腋或2～3朵散生于总梗上；花冠红色至白色。荚果窄长圆形，荚节3～5个。花果期6—10月。

产地和分布：安徽、福建、广东、广西、海南、江西、台湾、云南。澳大利亚；亚洲南部至东南部，太平洋岛屿。

生境：海滨沙地、旷野草地、路旁或河边沙土上。

（91）赤山蚂蝗 *Desmodium rubrum* (Lour.) DC.

形态特征：平卧或直立灌木，多分枝。叶常为单小叶，稀具3小叶。小叶硬纸质，椭圆形或长椭圆形至圆形，下面疏被伏贴柔毛。总状花序顶生，花稀疏，花冠蓝色或粉红色，旗瓣倒心状卵形。荚果狭长圆形，扁平，有网脉。花果期4—6月。

产地和分布：广东、广西、海南。

生境：生于海滨沙地或荒地。

(92) 鸡头薯 *Eriosema chinense* Vogel

形态特征：多年生直立草本。密被棕色长柔毛或短柔毛。块根肉质，纺锤形。单叶，披针形。总状花序腋生，花梗极短；花冠淡黄色，旗瓣倒卵形；二体雄蕊。荚果菱状椭圆形，熟时黑色。花期5—6月，果期7—10月。

产地和分布：云南、广东、广西、海南。

生境：生于土壤贫瘠的草坡上或海滨旷野草丛中。

（93）琉球乳豆 *Galactia tashiroi* Maxim.

形态特征：蔓生草质藤本。茎、叶下面、叶柄密被白色长柔毛。叶具3小叶；小叶近革质，宽倒卵形、宽椭圆形至近圆形，先端圆或微凹，基部钝圆，上面无毛；侧脉不明显。总状花腋生，较短小，被毛，节稍肿胀；花红色。荚果线形，扁。花期6—8月。果期8—9月。

产地和分布：我国台湾地区。日本。

生境：海滨沙地或开阔林地。

(94) 乳豆 *Galactia tenuiflora* (Klein ex Willd.) Wight & Arn.

形态特征：草质藤本。茎密被灰白色或灰黄色长柔毛。小叶椭圆形，纸质，两端钝圆，先端微凹，具小凸尖，上面被疏短柔毛，下面密被灰白色或黄绿色长柔毛；侧脉明显。总状花序，腋生；花冠淡蓝色。荚果线形；种子肾形，稍扁，棕褐色。花果期 7—12 月。

产地和分布：广东、广西、海南、湖南、江西、台湾、云南。亚洲南部至东南部。

生境：海岸灌丛、海滨旷地或低海拔丘陵地带疏林或密林下。

（95）烟豆 *Glycine tabacina* (Labill.) Benth.

形态特征：多年生草本。茎纤细而匍匐，幼时被紧贴、白色的短柔毛。3 小叶；茎下部和上部小叶形态不同，两面被紧贴白色短柔毛。总状花序；花冠紫色至淡紫色。荚果长圆形而劲直，在种子之间不缢缩，被紧贴、白色的柔毛，有喙；种子圆柱形，两端近截平，褐黑色。花期 3—7 月，果期 5—10 月。

产地和分布：福建、广东、台湾。日本；大洋洲。

生境：海滨岛屿的山坡或荒坡草地上。

(96) 短绒野大豆 *Glycine tomentella* Hayata

形态特征：缠绕或匍匐草本，全株通常密被黄褐色的绒毛。叶三出；小叶纸质，椭圆形或卵圆形；侧脉在下面较明显突起。总状花序；花单生或2～9朵簇生于顶端；花冠淡红色、深红色至紫色。荚果扁平而直，在种子之间缢缩；种子扁圆状方形，褐黑色。花期7—8月，果期9—10月。

产地和分布：福建、广东、台湾。巴布亚新几内亚，菲律宾；大洋洲。

生境：沿海及附近岛屿干旱坡地、平地或荒坡草地上。

（97）疏花木蓝 *Indigofera colutea* (Burm. f.) Merr.

形态特征：亚灌木状草本。羽状复叶；小叶 3 ～ 5 对，椭圆形，先端钝，具小尖头，基部楔形，两面均被白色丁字毛。总状花序，腋生；花冠红色。荚果圆柱形，顶端有凸尖；种子 9 ～ 12 颗，方形。花期 6—8 月，果期 8—12 月。

产地和分布：广东、海南。澳大利亚；亚洲，太平洋岛屿。

生境：海滨灌丛、空旷沙地上。

(98) 硬毛木蓝 *Indigofera hirsuta* L.

形态特征：亚灌木。茎圆柱形，枝、叶柄和花序均被开展长硬毛。羽状复叶；小叶 3～5 对，倒卵形或长圆形，先端圆钝，基部阔楔形，两面有伏贴毛。总状花序密被锈色和白色混生的硬毛；花冠红色，外面有柔毛。荚果线状圆柱形。花期 7—9 月，果期 10—12 月。

产地和分布：浙江、湖南、福建、台湾、广东、广西、海南及云南。

生境：山坡旷野、路旁、河边草地及海滨沙地上。

（99）单叶木蓝 *Indigofera linifolia* (L. f.) Retz.

形态特征：草本。茎平卧或上升，基部分枝。叶为单叶，线形、长圆形至披针形，先端急尖，基部楔形，两面密生白色平贴粗丁字毛。总状花序有花 3～8 朵；花冠紫红色。荚果球形，微扁，有白色细柔毛；种子 1 颗。花期 4—9 月，果期 5—10 月。

产地和分布：四川、台湾、云南。澳大利亚；亚洲南部至东南部，非洲。

生境：向阳的沟边、河岸、路旁、海滨、干燥草坡等地。

（100）九叶木蓝 *Indigofera linnaei* Ali

形态特征：草本。羽状复叶；小叶 2 ～ 5 对，狭倒卵形或长椭圆状卵形至倒披针形，先端圆钝，有小尖头，基部楔形，两面有白色粗硬丁字毛。总状花序，有花 10 ～ 20 朵；花冠紫红色。荚果长圆形，有紧贴白色柔毛；种子 2 颗。花期 6—11 月，果期 11—12 月。

产地和分布：海南、四川、福建、广东、云南。澳大利亚；亚洲南部至东南部。

生境：海滨及干燥的沙土上。

（101）滨海木蓝 *Indigofera litoralis* Chun & T. C. Chen

形态特征：多年生披散草本，植株被紧贴白色丁字毛。茎枝方形。小叶 1 ～ 3 对；托叶膜质，线状披针形；小叶互生，通常线形，侧脉和细脉两面均不明显。总状花序，花小，密集；苞片卵形，脱落；花梗短；花萼钟状；花冠伸出萼外，红色；子房线状，有毛。荚果劲直，四棱；种子长方形。花期 8—9 月，果期 10 月。

产地和分布：广东、海南。

生境：生于滨海沙地或旷野草丛中。

(102) 刺荚木蓝 *Indigofera nummulariifolia* (L.) Livera ex Alston

形态特征：草本。茎平卧，基部分枝。单叶互生，倒卵形或近圆形，先端圆钝，基部圆形或阔楔形。总状花序有花 5 ～ 10 朵；花冠深红色。荚果镰形，侧向压扁，顶端有宿存花柱所成的尖喙；种子 1 颗，亮褐色，肾状长圆形。花期 10 月，果期 10—11 月。

产地和分布：海南、台湾。澳大利亚；亚洲东南部，非洲。

生境：海滨沙地或稍干燥的旷野中。

（103）三叶木蓝 *Indigofera trifoliata* L.

形态特征：灌木。茎平卧或近直立，基部木质化，具细长分枝。三出羽状或掌状复叶；小叶膜质，倒卵状长椭圆形或倒披针形，先端圆，基部楔形，两面被柔毛。总状花序近头状，通常 6 ～ 12 朵；花冠红色。荚果背腹两缝线有明显的棱脊；种子 6 ～ 8 颗。花期 6—9 月，果期 9—10 月。

产地和分布：我国中部和东部沿海地区。澳大利亚；亚洲南部至东南部。

生境：山坡草地或海滨沙滩上。

（104）尖叶木蓝 *Indigofera zollingeriana* Miq.

形态特征：亚灌木。一回奇数羽状复叶；小叶5～9对，对生，卵状披针形，先端渐尖，基部圆形或阔楔形，两面均薄被平贴短丁字毛。总状花序具多花；花冠白色微带红色或紫色。荚果劲直，近圆柱形，肿胀，被疏毛；种子间有缢缩，种子扁圆形。花期6—9月，果期10—12月。

产地和分布：广东、广西、海南、台湾、云南。亚洲东南部。

生境：旷地、路旁、海岸灌丛、海滨沙滩上。

（105）银合欢 *Leucaena leucocephala* (Lam.) de Wit

形态特征：灌木或小乔木。二回羽状；复叶具羽片 4～8 对，在最下一对羽片着生处有黑色腺体 1 枚；小叶 5～15 对，线状长圆形，先端急尖，基部楔形。头状花序通常 1～2 个腋生；花白色。荚果带状，顶端凸尖，基部有柄；种子卵形，扁平。花期 4—7 月，果期 8—10 月。

产地和分布：福建、台湾、广东、广西、海南、云南。原产于美洲热带地区。

生境：荒地或疏林中，适应力强，抗旱。

（106）天蓝苜蓿 *Medicago lupulina* L.

形态特征：草本。羽状三出复叶；小叶倒卵形、阔倒卵形或倒心形，先端多少截平或微凹，具细尖，基部楔形；顶生小叶较大。花序小头状，具花 10 ～ 20 朵；花冠黄色。荚果肾形，熟时变黑；种子 1 颗，褐色。花期 4—9 月，果期 6—10 月。

产地和分布：我国南北各地。亚洲，欧洲。

生境：海滨沙滩、河岸、田野及林缘。

（107）草木犀 *Melilotus officinalis* (L.) Lam.

形态特征：草本。茎直立，粗壮。羽状三出复叶；小叶倒卵形、阔卵形、倒披针形至线形，先端钝圆或截形，基部阔楔形。总状花序，腋生，具花 30 ～ 70 朵；花冠黄色。荚果卵形，先端具宿存花柱，棕黑色；种子 1 ～ 2 颗，卵形，黄褐色，平滑。花期 5—9 月，果期 6—10 月。

产地和分布：我国华北、华南、西南各地。原产于亚洲中部、西部至欧洲南部。

生境：山坡、河岸、路旁、沙质草地及林缘。

（108）链荚木 *Ormocarpum cochinchinense* (Lour.) Merr.

形态特征：灌木。叶轴具纵沟。叶为奇数羽状复叶，小叶 9 ~ 17；小叶互生，椭圆形、倒卵形或长圆形，先端钝并有小尖头，基部圆形。总状花序，腋生，有花 2 ~ 6 朵；花冠黄色。荚果微膨胀，荚节线形或长圆形。花期 6—9 月，果期 9—10 月。

产地和分布：广东、海南、台湾有引种。原产或归化于亚洲东南部；引种于世界热带地区。

生境：海岛周围干旱向阳和土壤深厚的坡地。

（109）水黄皮 *Pongamia pinnata* (L.) Pierre

形态特征：乔木。羽状复叶；小叶近革质，卵形，阔椭圆形至长椭圆形，先端短渐尖或圆形，基部宽楔形、圆形或近截形。总状花序，腋生，通常 2 朵花簇生于花序总轴的节上；花冠白色或粉红色。荚果顶端有短喙；种子 1 颗，肾形。花期 5—6 月，果期 8—10 月。

产地和分布：福建、广东、海南、台湾。全球热带地区。

生境：近海沙地或河口地区，为红树林植物。

（110）小鹿藿 *Rhynchosia minima* (L.) DC.

形态特征：缠绕状草本。叶具羽状 3 小叶；小叶膜质或近膜质，顶生小叶菱状圆形，先端钝或圆，稀短急尖。总状花序，腋生；花冠黄色，伸出花萼外，各瓣近等长。荚果倒披针形至椭圆形，被短柔毛；种子 1 ～ 2 颗。花期 5—10 月，果期 9—11 月。

产地和分布：四川、台湾、海南、云南。全球热带地区。

生境：海滨沙地、近海路旁、红树林林缘。

（111）田菁 *Sesbania cannabina* (Retz.) Poir.

形态特征：亚灌木状草本。羽状复叶；小叶 20～40 对，对生或近对生，线状长圆形，先端钝至截平，具小尖头，基部圆形。花 2～6 朵排成疏松的总状花序；花冠黄色。荚果长圆柱形，种子间具横隔；种子圆柱状。花果期 7—12 月。

产地和分布：我国北部、东部和中部。

生境：海滨及内陆湿地，耐潮湿和盐碱。

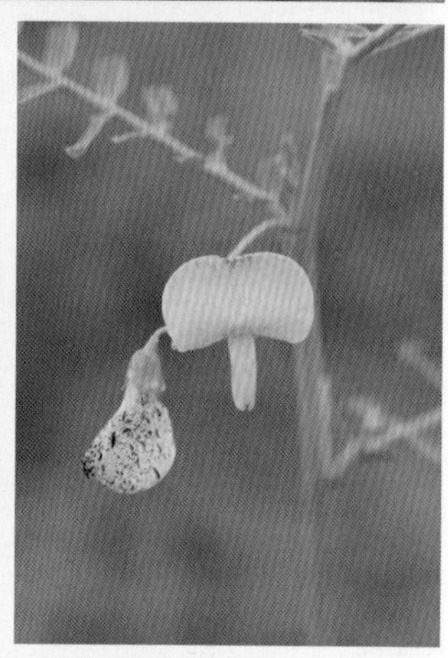

（112）绒毛槐 *Sophora tomentosa* L.

形态特征：灌木或小乔木。全株被灰白色短绒毛；羽状复叶；小叶 5～9 对，近革质，宽椭圆形或近圆形，先端圆形或微缺，基部圆形，稍偏斜。常为总状花序，有时成圆锥状，顶生；花冠淡黄色或近白色。荚果串珠状，表面被短绒毛，成熟时近无毛，有多数种子；种子球形。花期 8—10 月，果期 9—12 月。

产地和分布：广东、海南、台湾。全球热带地区。

生境：海滨沙丘及海岸灌丛中。

（113）酸豆 *Tamarindus indica* L.

形态特征：大乔木，高达 25m。偶数羽状复叶，小叶小，10 ～ 20 对，长圆形，先端圆钝或微凹，基部圆而偏斜，无毛。总状花序顶生，花黄色或杂以紫红色条纹；花瓣倒卵形；花药椭圆形；子房圆柱形。荚果圆柱状长圆形，直或弯拱，不规则缢缩；种子 3 ～ 14 颗，褐色，有光泽。花期 5—8 月，果期 12 月至翌年 5 月。

产地和分布：福建、广东、广西、海南、台湾、云南。原产于非洲热带地区；现广泛栽培于全球热带地区。

生境：滨海沙荒地，偶出现于红树林缘。

(114) 卵叶灰毛豆 *Tephrosia obovata* Merr.

形态特征：多年生草本。全株被平伏柔毛，茎基部木质化。奇数羽状复叶具 4 ～ 6 对小叶；小叶倒卵形，先端浅凹，具短尖，两面被平伏绢毛。总状花序具 1 ～ 3 朵花，顶生、腋生或与叶对生；花冠红色。荚果线形，密被绢状长柔毛；种子 6 ～ 7 颗。花果期 3—8 月。

产地和分布：我国台湾地区。菲律宾。

生境：海滨沙地、海岸岩石上或开阔干燥荒地。

（115）矮灰毛豆 *Tephrosia pumila* (Lam.) Pers.

形态特征：草本，匍匐或蔓生。羽状复叶；小叶3～6对，楔状长圆形呈倒披针形，先端截平或钝，短尖头，基部楔形。总状花序短，顶生或与叶对生，被长硬毛，有1～3朵花；花冠白色至黄色。荚果线形；种子8～14颗，长圆状菱形。花果期全年。

产地和分布：广东、海南。澳大利亚；亚洲热带地区，非洲。

生境：草坡、路边向阳处，近海沙地常见。

(116) 长叶豇豆 *Vigna luteola* (Jacq.) Benth.

形态特征：攀缘藤本。羽状复叶具3小叶；小叶卵形、卵状椭圆形或卵状披针形，先端急尖或渐尖，基部圆形或楔形。花序腋生，少花；旗瓣黄色或淡绿，背面有时染红。荚果线形，被短柔毛；种子长圆形或卵状菱形。

产地和分布：我国台湾地区。全球热带地区广布。

生境：海滨沙地开阔处。

（117）滨豇豆 *Vigna marina* (Burm.) Merr.

形态特征：匍匐或攀缘草本。3 小叶；小叶卵圆形或倒卵形，先端浑圆，钝或微凹，基部宽楔形或近圆形。总状花序被短柔毛；花冠黄色。荚果线状长圆形，微弯；种子 2～6 颗，黄褐色或红褐色，长圆形。花果期夏、秋季。

产地和分布：台湾、海南。全球热带地区。

生境：海滨沙地。

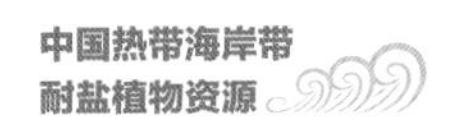

（118）丁癸草 *Zornia gibbosa* Span.

形态特征：纤弱多分枝草木。小叶 2 枚，卵状长圆形、倒卵形至披针形，先端急尖而具短尖头，基部偏斜，背面有褐色或黑色腺点。总状花序腋生，花 2 ～ 10 朵疏生于花序轴上；花冠黄色。荚果有荚节 2 ～ 6，荚节近圆形，表面具明显网脉及针刺。花期 4—7 月，果期 7—9 月。

产地和分布：福建、广东、广西、海南、江苏、江西、四川、台湾、云南、浙江。澳大利亚；亚洲南部至东南部。

生境：田边、村边干旱的旷野草地、海滨沙地上。

22. 海人树科 Surianaceae

（119）海人树 *Suriana maritima* L.

形态特征：灌木或小乔木。嫩枝密被柔毛及头状腺毛。叶常聚生在小枝的顶部，稍带肉质，线状匙形。聚伞花序，腋生，有花 2 ～ 4 朵；苞片、花梗、萼片有毛；花瓣黄色。果有毛，近球形，具宿存花柱。花期 6—7 月，果期 8—10 月。

产地和分布：广东、海南、台湾。全球海岸地区。

生境：海岛边缘的沙地或石缝中。

23. 远志科 Polygalaceae

(120) 小花远志 *Polygala polifolia* C. Presl

形态特征：一年生草本。主根木质，茎多分枝，铺散。叶互生，厚纸质，倒卵形至长圆形，侧脉不显。总状花序腋生或腋外生，总花梗及花梗极短，长不及叶。花瓣 3 枚，白色或紫色，侧瓣三角状菱形，边缘皱波状。蒴果近圆形，无翅，种子 2 颗。花果期 7—10 月。

产地和分布：我国东部、南部至西南部。

生境：生于海岸边瘠土、沙土及山坡草地中。

24. 蔷薇科 Rosaceae

（121）厚叶石斑木 *Rhaphiolepis umbellata* (Thunb.) Makino

形态特征：常绿灌木或小乔木。叶片厚革质，长椭圆形、卵形或倒卵形，先端圆钝至稍锐尖，基部楔形，全缘或有疏生钝锯齿。圆锥花序顶生，密生褐色柔毛；花瓣白色，倒卵形。果实球形，黑紫色带白霜，顶端有萼片脱落残痕；种子1颗。花期4—6月，果期9—11月。

产地和分布：台湾、浙江。日本。

生境：海滨特有植物。

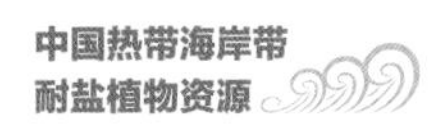

25. 胡颓子科 Elaeagnaceae

（122）福建胡颓子 *Elaeagnus oldhamii* Maxim.

形态特征：常绿灌木。枝具长刺；枝、叶、花、果密被褐色或锈色鳞片。单叶互生，叶近革质，长倒卵形，先端微凹，全缘。花淡白色，数花簇生叶腋极短小枝上成短总状花序；萼筒短，杯状。果实卵球形，成熟时红色，萼筒常宿存。花期 11—12 月，果期 2—3 月。

产地和分布：福建、广东、台湾。

生境：海岸沙地、灌丛等处。

26. 鼠李科 Rhamnaceae

（123）铁包金 *Berchemia lineata* (L.) DC.

形态特征：藤状或矮灌木。小枝被短柔毛。叶纸质，矩圆形或椭圆形，两面无毛。花白色，通常数个至 10 余个密集成顶生聚伞总状花序。核果圆柱形，顶端钝，成熟时黑色或紫黑色，基部有宿存的花盘和萼筒。花期 7—10 月，果期 11 月。

产地和分布：福建、广东、广西、海南、台湾。日本，越南。

生境：海滨沙地和灌丛中常见。

(124) 蛇藤 *Colubrina asiatica* (L.) Brongn.

形态特征：灌木。叶互生，卵形或宽卵形，顶端渐尖，微凹，基部圆形或近心形，边缘具粗圆齿。聚伞花序，腋生；花黄色。蒴果状核果，圆球形，基部为愈合的萼筒所包围，成熟时室背开裂；种子灰褐色。花期6—10月，果期9—11月。

产地和分布：福建、广东、广西、海南、台湾。日本，越南。

生境：沿海沙地上的林中或灌丛中，红树林林缘。

(125) 雀梅藤 *Sageretia thea* (Osbeck) M. C. Johnst.

形态特征：藤状或直立灌木。小枝具刺，互生或近对生。叶近对生或互生，通常椭圆形，矩圆形或卵状椭圆形，顶端锐尖，钝或圆形，基部圆形或近心形。花黄色，通常 2 至数个簇生排成顶生或腋生疏散穗状或圆锥状穗状花序；花序轴被绒毛或密短柔毛。核果近圆球形，成熟时黑色或紫黑色；种子两端微凹。花期 7—11 月，果期翌年 3—5 月。

产地和分布：安徽、福建、广东、广西、海南、湖北、湖南、江苏、江西、四川、台湾、云南、浙江。印度，日本，朝鲜，越南。

生境：海岸灌丛常见。

(126) 马甲子 *Paliurus ramosissimus* (Lour.) Poir.

形态特征：灌木。叶互生，宽卵形至卵状椭圆形或近圆形，顶端钝或圆形，基部宽楔形、楔形或近圆形。腋生聚伞花序，被黄色绒毛。核果杯状，被黄褐色或棕褐色绒毛，周围具木栓质3浅裂的窄翅；种子紫红色或红褐色，扁圆形。花期5—8月，果期9—10月。

产地和分布：我国中部和东部沿海地区。日本，朝鲜。

生境：海滨沙地。

27. 大麻科 Cannabaceae

（127）铁灵花 *Celtis philippensis* Blanco var. *wightii* (Planch.) Soepadmo

形态特征：常绿小乔木。叶革质，椭圆形至长圆形，先端近圆而钝，基部钝至近圆形。聚伞圆锥花序生于叶腋。果球状卵形，成熟时红色，先端残存两叉状、极短的花柱基；核近球形，肋不明显，表面有浅网孔状凹陷。花期 4—7 月，果期 10—12 月。

产地和分布：广东、海南。澳大利亚；亚洲南部至东南部，非洲，太平洋岛屿。

生境：海滨斜坡荒地或林中。

28. 桑科 Moraceae

（128）榕树 *Ficus microcarpa* L. f.

形态特征：乔木。常有气生根。叶狭椭圆形、倒卵形或椭圆形，先端钝尖、圆或钝，基部楔形。榕果成对腋生或生于已落叶枝叶腋，成熟时黄或微红色，扁球形。瘦果卵圆形。花果期 5—10 月。

产地和分布：福建、广东、广西、贵州、海南、台湾、云南、浙江。

生境：海滨山坡或礁石上。

（129）蔓榕 *Ficus pedunculosa* Miq.

形态特征：灌木。通常匍匐爬行于石灰岩上；小枝薄被柔毛和糠秕状鳞毛。叶革质，椭圆形或倒卵状椭圆形，先端急尖，基部楔形。榕果单生或成对腋生，近球形至倒卵圆形，表面被微柔毛，基生苞片3枚，膜质；雌雄异株。花果期3—6月。

产地和分布：我国台湾地区。印度尼西亚，巴布亚新几内亚，菲律宾。

生境：海岸石上。

(130) 薜荔 *Ficus pumila* L.

形态特征：攀缘或匍匐灌木。叶二型，单叶互生，营养枝叶小，繁殖枝叶大。雌雄异株；隐头花序单生叶腋，瘿花果梨形，雌果近球形，成熟时黄绿色或微红；雄花生榕果内壁口部；雌花生于雌株榕果内壁。瘦果近球形，有黏液。花果期5—8月。

产地和分布：长江以南各省区。日本，越南。

生境：常附生于海岸迎风面石上或树干上。

(131) 棱果榕 *Ficus septica* Burm. f.

形态特征：乔木。叶长圆形或卵状椭圆形至倒卵形，先端常渐尖或短尖，基部宽楔形。榕果单生或成对腋生或茎花，扁球形，表面散生白色球形或椭圆形瘤体和白色细小斑点，有纵脊 8 ～ 12 条。瘦果斜卵形或近球形。花果期 4—11 月。

产地和分布：我国台湾地区。印度尼西亚，日本，巴布亚新几内亚，澳大利亚；太平洋岛屿。

生境：低海拔海岸林、海滨沙滩上。

(132) 笔管榕 *Ficus subpisocarpa* Gagnep.

形态特征：落叶乔木。叶椭圆形至长圆形，基部圆形，边缘全缘或微波状。榕果单生或成对或簇生于叶腋或生无叶枝上，扁球形，成熟时紫黑色；雌雄同株：雄花、瘿花、雌花生于同一榕果内。花期4—6月。

产地和分布：浙江、福建、台湾、广东、海南等。

生境：海岸山坡或近海边。

（133）匍匐斜叶榕 *Ficus tinctoria* G. Forst. subsp. *swinhoei* (King) Corner

形态特征：岩生匍匐灌木。叶椭圆形至卵状椭圆形，顶端钝或急尖，基部近心形。榕果近球形，单生或成对腋生；雌雄异株。瘦果椭圆形。花果期冬季至翌年 6 月。

产地和分布：我国台湾地区。菲律宾。

生境：海岸石上。

（134）越桔榕 *Ficus vaccinioides* Hemsl. ex King

形态特征：匍匐小灌木。叶倒卵状椭圆形，先端近急尖，基部钝楔形，两面散生糙毛。榕果单生或成对生于叶腋，紫黑色，球形或卵圆形，表面粗糙，疏被小毛；雄花和瘿花混生于雄植株榕果内壁，雌花生于另一植株榕果内壁。花期 3—4 月，果期 5—7 月。

产地和分布：我国台湾地区。

生境：海滨灌丛或裸露的石上。

（135）鹊肾树 *Streblus asper* Lour.

形态特征：乔木或灌木。叶椭圆状倒卵形或椭圆形，先端钝或短渐尖，基部钝或近耳状，两面粗糙。花雌雄异株或同株；雄花序头状，单生或成对腋生；雌花具梗，花被片 4 枚。核果近球形，成熟时黄色。花期 2—4 月，果期 5—6 月。

产地和分布：广东、广西、海南、云南。亚洲南部至东南部。

生境：海岸林中。

29. 木麻黄科 Casuarinaceae

（136）木麻黄 *Casuarina equisetifolia* L.

形态特征：乔木。鳞片状叶每轮通常 7 枚。花雌雄同株或异株；雄花序几无总花梗，棒状圆柱形，有覆瓦状排列、被白色柔毛的苞片；雌花序通常顶生于近枝顶的侧生短枝上。球果状果序椭圆形，两端近截平或钝；小坚果具翅。花期 4—5 月，果期 7—10 月。

产地和分布：福建、广东、广西、海南、台湾、云南、浙江普遍栽培。原产于亚洲东南部，大洋洲，太平洋岛屿。

生境：沿海沙地，为热带海岸防风固沙先锋树种。

30. 葫芦科 Cucurbitaceae

（137）凤瓜 *Gymnopetalum scabrum* (Lour.) W. J. de Wilde & Duyfjies

形态特征：藤本。茎、枝有沟纹及长柔毛。叶片肾形或卵状心形，厚纸质或薄革质，不分裂或波状 3～5 浅裂，边缘有显著的三角形锯齿；基部心形。卷须纤细，被长柔毛，单一或二歧。雌雄同株。果实近球形，熟后橘黄色至红色；种子狭长圆形。花期 6—9 月，果期 9—11 月。

产地和分布：广东、广西、贵州、海南、云南。亚洲南部至东南部。

生境：海滨沙地草丛中常见。

31. 卫矛科 Celastraceae

（138）变叶裸实 *Gymnosporia diversifolia* Maxim.

形态特征：灌木或小乔木。一二年生小枝刺状。叶倒卵形、近阔卵圆形或倒披针形，形状大小均多变异。圆锥聚伞花序纤细，1至数枝丛生刺枝上；花白色或淡黄色。蒴果通常2裂，扁倒心形，红色或紫色；种子椭圆状，黑褐色，基部有白色假种皮。花期6—9月，果期8—12月。

产地和分布：福建、广东、广西、海南、台湾。日本，马来西亚，菲律宾，泰国，越南。

生境：海滨林中或石上。

（139）台湾美登木 *Maytenus emarginata* (Willd.) Ding Hou

形态特征：灌木。叶倒卵形，先端圆阔或近平截，基部楔形，边缘具疏浅钝齿或浅齿或近全缘。聚伞花序单生，1～2次分枝。蒴果2～3裂，近圆球状，顶端常有宿存花柱；种子长方椭圆状，种皮棕红色，基部有细小假种皮。花果期5—7月。

产地和分布：我国台湾地区。斯里兰卡，澳大利亚。

生境：海滨开阔地方。

（140）五层龙 *Salacia prinoides* (Willd.) DC.

形态特征：攀缘灌木。叶椭圆形或窄卵圆形或倒卵状椭圆形，顶端钝或短渐尖，边缘具浅钝齿。花小，3～6 朵簇生于叶腋内的瘤状突起体上。浆果球形或卵形，成熟时红色；种子 1 颗。花期 12 月，果期翌年 1—2 月。

产地和分布：广东、广西、海南。亚洲南部至东南部。

生境：海滨红树林林缘。

32. 红树科 Rhizophoraceae

(141) 柱果木榄 *Bruguiera cylindrica* (L.) Blume

形态特征：乔木。叶薄，椭圆形。聚伞花序有花 2～3 朵；花绿色；萼筒平滑，裂片 7～8 枚，与萼筒等长；花瓣边缘下部常有白色长毛，2 裂，裂片顶端有 3～4 条刺毛，裂缝间有 1 条刺毛；雄蕊短于花瓣。胚轴常弯曲，长 8～15cm。花期秋季，果期冬、春季。

产地和分布：海南。澳大利亚；亚洲，太平洋岛屿。

生境：红树林植物，生于海岸红树林中。

（142）木榄 *Bruguiera gymnorhiza* (L.) Savigny

形态特征：乔木或灌木。叶椭圆状矩圆形，顶端短尖，基部楔形。花单生；萼管平滑无棱，暗黄红色，裂片 11 ～ 13；花瓣长 1.1 ～ 1.3cm，中部以下密被长毛，上部无毛或几无毛，2 裂。胚轴长 15 ～ 25cm。花果期几全年。

产地和分布：福建、广东、广西。澳大利亚；亚洲，非洲，印度洋和太平洋岛屿。

生境：红树林植物，生于浅海盐滩，红树林优势树种之一。

（143）海莲 *Bruguiera sexangula* (Lour.) Poir.

形态特征：乔木或灌木。叶矩圆形或倒披针形，两端渐尖。花单生叶腋；花萼鲜红色，微具光泽，萼筒有明显的纵棱，裂片 9 ～ 11；花瓣金黄色，边缘具长粗毛，2 裂，裂片顶端钝形，裂缝间有刺毛 1 条；花柱红黄色。胚轴长 20 ～ 30cm。花果期秋、冬季至翌年春季。

产地和分布：海南。亚洲热带地区，太平洋岛屿。

生境：红树林植物，生于热带海岸红树林中。

(144) 角果木 *Ceriops tagal* (Perr.) C. B. Rob.

形态特征：灌木或乔木。叶倒卵形至倒卵状矩圆形，顶端圆形或微凹。聚伞花序，腋生，具总花梗；花瓣白色，顶端有3枚或2枚微小的棒状附属体。果实圆锥状卵形；胚轴长，中部以上略粗大。花期秋、冬季，果期冬、春季。

产地和分布：广东、海南。东半球热带地区。

生境：红树林植物，生于涨潮时仅淹没树干基部的泥滩和海湾内的沼泽地。

(145) 秋茄树 *Kandelia obovata* Sheue, H. Y. Liu & J. Yong

形态特征：灌木或小乔木。叶椭圆形、矩圆状椭圆形或近倒卵形，顶端钝形或浑圆。二歧聚伞花序，花数朵；花瓣白色。果实圆锥形；胚轴细长。花果期几乎全年。

产地和分布：福建、广东、广西、海南、台湾。日本。

生境：红树林植物，生于浅海和河流出口冲积带的盐滩。

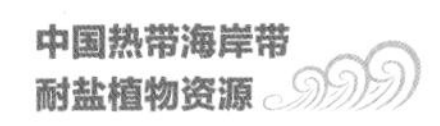

(146) 红树 *Rhizophora apiculata* Blume

形态特征：乔木或灌木。有支柱根。叶对生，椭圆形至矩圆状椭圆形。花序腋生，有花 2 朵，花无梗；花瓣白色。果实顶部一半变窄；胚轴棒状柱形。花果期几全年。

产地和分布：广东、广西、海南。澳大利亚；亚洲热带地区，太平洋岛屿。

生境：红树林植物，生于海浪平静、淤泥松软的浅海滩或海湾内沼泽地。

(147) 红茄苳 *Rhizophora mucronata* Lam.

形态特征：乔木。支柱根下垂入地。叶阔椭圆形至矩圆形，顶端钝尖或短尖，基部楔形。花序腋生，有花数朵；花具短梗；花瓣肉质，边缘被白色长毛。成熟的果实长卵形，顶端收窄；胚轴圆柱形。花果期夏、秋季。

产地和分布：我国台湾地区。东半球热带地区。

生境：红树林植物，生于盐滩或有海水的沼泽地。

(148) 红海兰 *Rhizophora stylosa* Griff.

形态特征：乔木或灌木。基部有很发达的支柱根。叶椭圆形或矩圆状椭圆形，中脉和叶柄均绿色。总序腋生，有花数朵；花具短梗；花瓣反卷，边缘被白色长毛。成熟的果实锥形，顶端收窄，胚轴圆柱形。花果期秋、冬季。

产地和分布：广东、广西、海南。

生境：红树林植物，生于沿海滩红树林的内缘。

33. 红厚壳科 Calophyllaceae

（149）红厚壳 *Calophyllum inophyllum* L.

形态特征：乔木。叶片厚革质，宽椭圆形或倒卵状椭圆形。总状花序或圆锥花序近顶生；花两性；花萼裂片花瓣状；花瓣白色。果圆球形，成熟时黄色。花期 3—6 月，果期 9—11 月。

产地和分布：海南、台湾。东半球热带地区。

生境：海滨沙荒地或海岸边。

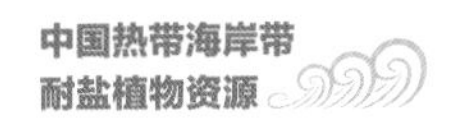

34. 核果木科 Putranjivaceae

（150）滨海核果木 *Drypetes littoralis* (C. B. Rob.) Merr.

形态特征：常绿小乔木。叶片长圆形至长卵形，略呈镰刀状，顶端急尖至钝，基部宽楔形。花簇生；花瓣缺。核果卵球形，单生或 3 ～ 4 个簇生，外果皮革质，被紧贴短柔毛，熟时红色。花果期夏季。

产地和分布：我国台湾地区。印度尼西亚，菲律宾。

生境：海岸林中。

35. 金虎尾科 Malpighiaceae

（151）三星果 *Tristellateia australasiae* A. Rich.

形态特征：木质藤木。叶对生，长卵形，先端急尖至渐尖，基部圆形至心形，与叶柄交界处有 2 枚腺体。总状花序顶生或腋生；花梗中部以下具关节；花鲜黄色。翅果星状。花果期 8—10 月。

产地和分布：我国台湾地区（恒春半岛、兰屿岛）。马来西亚，泰国，越南，澳大利亚；太平洋岛屿。

生境：近海岸的林缘。

36. 堇菜科 Violaceae

（152）鼠鞭草 *Hybanthus enneaspermus* (L.) F. Muell.

形态特征：亚灌木。具细长主根。叶互生，线状披针形、线状倒披针形或狭匙形，大小不一，先端尖，基部楔形下延，全缘或上部疏生细锯齿。花单生于叶腋，花瓣蓝紫色。蒴果球形，下垂，3 瓣裂；种子卵圆形，乳黄色。花果期 6—8 月。

产地和分布：广东、海南、台湾。澳大利亚；亚洲热带地区，非洲。

生境：海滨沙地。

37. 西番莲科 Passifloraceae

（153）龙珠果 *Passiflora foetida* L.

形态特征：草质藤本。叶宽卵形至长圆状卵形，先端3浅裂，基部心形，边缘呈不规则波状，通常具头状缘毛。聚伞花序退化仅存1花，与卷须对生。花白色或淡紫色，具白斑。浆果卵圆球形；种子多数，椭圆形。花果期4—10月。

产地和分布：广东、广西、海南、台湾、云南。原产于美洲热带地区。

生境：逸生于草坡路边，海岸灌丛常见。

38. 杨柳科 Salicaceae

（154）刺篱木 *Flacourtia indica* (Burm. f.) Merr.

形态特征：落叶灌木或小乔木。叶近革质，倒卵形至长圆状倒卵形，先端圆形或截形，基部楔形，边缘中部以上有细锯齿。总状花序短，顶生或腋生，被绒毛；花单性，常雌雄异株；花瓣缺。浆果球形或椭圆形，有宿存花柱；种子 5 ～ 6 颗。花期 1—3 月，果期 3—7 月。

产地和分布：福建、广东、广西、海南。东半球热带地区。

生境：近海沙地灌丛中。

(155) 黄杨叶箣柊 *Scolopia buxifolia* Gagnep.

形态特征：常绿小乔木或灌木。枝上有时具刺。叶椭圆形，两端近圆形，全缘或有不明显的锯齿。总状花序通常生于小枝上部的叶腋；花白色。浆果球形；种子 3 ～ 5 颗。花期 6—9 月，果期 6—10 月。

产地和分布：广西、海南。泰国，越南。

生境：滨海旷野沙地、海岸青皮林中，海滨沙地常见。

（156）箣柊 *Scolopia chinensis* (Lour.) Clos

形态特征：常绿小乔木或灌木。叶椭圆形至长圆状椭圆形，先端圆或钝，两侧各有腺体1枚，全缘或有细锯齿。总状花序，腋生或顶生；花淡黄色。浆果圆球形；种子2～6颗。花期6—9月，果期6—10月。

产地和分布：广西、海南。泰国，越南。

生境：海滩红树林或沙地上。

（157）鲁花树 *Scolopia oldhamii* Hance

形态特征：常绿小乔木。小枝常具刺。叶椭圆状长圆形或椭圆形，先端渐窄或圆钝，基部宽楔形，边缘具浅齿或近全缘。总状花序，腋生或顶生，有时成圆锥花序状；花淡黄色或白色。浆果黑红色或红色，球形；种子4～5颗。花期8—9月，果期11月至翌年5月。

产地和分布：福建、台湾。日本。

生境：海岸平地、灌丛或红树林缘。

39. 大戟科 Euphorbiaceae

（158）留萼木 *Blachia pentzii* (Müll. Arg.) Benth.

形态特征：灌木。叶形状、大小变异很大，卵状披针形、倒卵形、长圆形至长圆状披针形，顶端短尖至长渐尖，基部渐狭、阔楔形或钝，全缘。花序顶生或腋生，雌雄同株，异序；雌花序常呈伞形花序状；雄花序总状。蒴果近球形，顶端稍压扁；种子卵状至椭圆状，有斑纹。花期几全年。

产地和分布：广东、海南。越南。

生境：海岸林中、林缘，海南海岸青皮林有发现。

（159）海南留萼木 *Blachia siamensis* Gagnep.

形态特征：灌木。叶倒卵状椭圆形，顶端常圆形，基部阔楔形。雌雄同株，异序；雌花 1 ～ 4 朵生于小枝顶端或近顶端叶腋。蒴果近球形；种子椭圆形，暗棕色，有灰棕色斑纹。花期 6—7 月，果期 8—9 月。

产地和分布：海南。泰国。

生境：海岸疏林中。

（160）越南巴豆 *Croton kongensis* Gagnep.

形态特征：灌木。一年生枝条、叶、叶柄、花序和果均密被苍灰色至灰棕色紧贴鳞腺。叶卵形至椭圆状披针形，顶端渐尖，基部圆形至阔楔形。总状花序，顶生；雌雄同株。蒴果近球形；种子卵状，暗红色。花期几全年。

产地和分布：海南、云南。老挝，缅甸，泰国，越南。

生境：海岸疏林、灌丛中。

（161）**海滨大戟** *Euphorbia atoto* G. Forst.

形态特征：亚灌木状草本。茎基部木质化，分枝呈二歧分枝。叶对生，全缘，长椭圆形或卵状长椭圆形。杯状聚伞花序单生于多歧聚伞状分枝的顶端；花单性。蒴果三棱状，成熟时分裂为 3 个分果爿；种子淡黄色。花果期 6—11 月。

产地和分布：广东、海南、台湾。澳大利亚；亚洲热带地区，太平洋岛屿。

生境：海岸沙地。

（162）飞扬草 *Euphorbia hirta* L.

形态特征：一年生草本。茎被多细胞粗硬毛。叶披针状长圆形、长椭圆状卵形或卵状披针形，先端急尖或钝，基部略偏斜；边缘于中部以上有细锯齿；叶两面均具柔毛。花序多数，于叶腋处密集成头状。蒴果三棱状，被短柔毛；种子近圆状四棱形，无种阜。花果期 6—12 月。

产地和分布：福建、广东、广西、海南、湖南、江西、四川、台湾、云南。原产于美洲热带地区，现广布于全球热带和亚热带地区。

生境：海岸草丛、灌丛、山坡等沙质土中。

（163）**匍匐大戟** *Euphorbia prostrata* Aiton

形态特征：一年生草本。茎匍匐状，自基部多分枝，通常呈淡红色或红色，少绿色或淡黄绿色。叶椭圆形至倒卵形，先端圆，基部偏斜，不对称，边缘全缘或具不规则的细锯齿。花序常单生于叶腋，少为数个簇生于小枝顶端。蒴果三棱状；种子卵状四棱形，每个棱面上有 6 ～ 7 个横沟；无种阜。花果期 4—10 月。

产地和分布：福建、广东、广西、海南、湖北、江苏、台湾、云南。原产于美洲热带地区，归化于东半球地区。

生境：海滨荒地、灌丛或空旷的沙地上。

（164）台西地锦 *Euphorbia taihsiensis* (Chaw & Koutnik) Oudejans

形态特征：多年生草本。茎匍匐无毛。叶椭圆形至倒卵形，先端平截或微凹，基部偏斜，圆形，边缘全缘或先端具齿，两面无毛。花序单生于节间；总苞钟状；腺体 4 枚，绿色至红色。蒴果明显伸出总苞边缘；种子卵状四棱形，灰色或淡褐色，平滑或略具横沟。花果期 5—8 月。

产地和分布：我国台湾地区。

生境：沿海沙滩或珊瑚礁上。

（165）绿玉树 *Euphorbia tirucalli* L.

形态特征：小乔木。小枝肉质，具丰富乳汁。叶长圆状线形，先端钝，基部渐狭，常生于当年生嫩枝上，稀疏且很快脱落，由茎行使光合功能，故常呈无叶状态；总苞叶干膜质，早落。花序密集于枝顶。蒴果棱状三角形；种子卵球状。花果期 7—10 月。

产地和分布：我国中部和东部沿海地区。原产于非洲，现多有栽培。

生境：海滨灌丛常见。

(166) 海漆 *Excoecaria agallocha* L.

形态特征：常绿乔木。叶片椭圆形或阔椭圆形，全缘或有不明显的疏细齿。花单性，雌雄异株，聚集成腋生、单生或双生的总状花序。蒴果球形至近三棱状，具3凹槽；分果爿顶端具喙；种子球形。花果期1—9月。

产地和分布：广东、广西、海南、台湾。澳大利亚；亚洲热带地区，太平洋岛屿。

生境：滨海潮湿处至浅泥滩中，海岸泥滩红树林的树种之一。

（167）血桐 *Macaranga tanarius* (L.) Müll. Arg. var. *tomentosa* (Blume) Müll. Arg.

形态特征：乔木。嫩枝、嫩叶、托叶均被黄褐色柔毛或有时嫩叶无毛。叶近圆形或卵圆形，盾状着生，全缘或叶缘具浅波状小齿，下面密生颗粒状腺体。雄花序圆锥状，苞片边缘流苏状；雌花序圆锥状，苞片叶状。蒴果具 2 ～ 3 个分果爿，密被软刺；种子近球形。花期 4—6 月，果期 6—7 月。

产地和分布：广东、台湾。澳大利亚；亚洲热带地区。

生境：沿海裸地、海岸边、低山灌木林或次生林中。

（168）地杨桃 *Sebastiania chamaelea* (L.) Müll. Arg.

形态特征：多年生草本。叶片线形或线状披针形，边缘具密细齿，基部两侧具小腺体。花单性，雌雄同株，聚集成纤弱穗状花序。蒴果三棱状球形；种子近圆柱形，光滑。花期3—11月。

产地和分布：广东、广西、海南。东半球热带地区。

生境：海滨沙滩和旷野草地。

（169）海厚托桐 *Stillingia lineata* (Lam.) Müll. Arg. subsp. *pacifica* (Müll. Arg.) Steenis

形态特征：灌木或小乔木。枝条稍肉质。叶大多集生于枝顶；叶片膜质，圆形、椭圆形或倒卵形，基部楔形或钝，先端急尖、圆或微凹，边缘具锯齿，叶下面具 2 排腺点。总状花序，花杂性。蒴果具三深纵沟，上部沿室缝开裂，脱落，下部宿存，木质化为三角形的果盘。

产地和分布：广东（珠海万山岛屿）。马来西亚，菲律宾。

生境：海岸石滩上。

40. 叶下珠科 Phyllanthaceae

（170）沙地叶下珠 *Phyllanthus arenarius* Beille

形态特征：多年生草本，全株无毛。叶片椭圆形或倒卵形，顶端圆，基部宽楔形或钝，多少偏斜。花雌雄同株。蒴果球状三棱形，成熟后开裂为 3 个具 2 瓣裂的分果爿；种子棕色，表面有颗粒状小突起。花期 5—7 月，果期 7—10 月。

产地和分布：广东、海南。越南。

生境：海滨沙地上。

（171）艾堇 *Sauropus bacciformis* (L.) Airy Shaw

形态特征：一年生或多年生草本；茎匍匐状或斜升。叶片鲜时近肉质，形状多变，长圆形、椭圆形、倒卵形、近圆形或披针形，顶端钝或急尖，具小尖头，基部圆或钝，侧脉不明显。花雌雄同株。蒴果卵珠状，幼时红色，成熟时开裂为 3 个 2 裂的分果爿；种子浅黄色。花期 4—7 月，果期 7—11 月。

产地和分布：广东、广西、海南、台湾。亚洲热带地区，印度洋岛屿。

生境：海滨沙滩或湖旁草地上。

41. 使君子科 Combretaceae

（172）桤果木 *Conocarpus erectus* L.

形态特征：落叶乔木或灌木，分枝多，高达 20m。单叶互生，卵形至披针形，两面被密或疏绢毛，叶基下延处有 2 枚腺体。圆锥状头状花序顶生，雌雄异花；无花瓣。花果期 1—4 月。

产地和分布：广东、台湾有引种。原产于美洲热带地区及非洲西部。

生境：红树林中。

（173）对叶榄李 *Laguncularia racemosa* (L.) C. F. Gaertn.

形态特征：乔木。树干圆柱形，有指状呼吸根；茎干灰绿色。单叶对生，全缘，厚革质，长椭圆形，先端钝或微凹，叶柄正面红色，背面绿色。雌雄同株或异株，总状花序，腋生，每花序有小花 18 ～ 53 朵，隐胎生。果卵形或倒卵形，长 2 ～ 2.5cm，果皮上有隆起的脊或棱，成熟时黄绿色。花期 2—9 月，果期 7—11 月。

产地和分布：广东、海南有引种。原产于美洲东岸和非洲西部。

生境：海滩红树林。

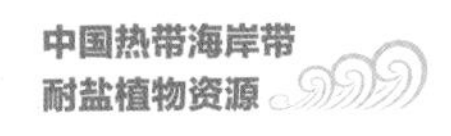

(174) 榄李 *Lumnitzera racemosa* Willd.

形态特征：常绿灌木或小乔木。叶常聚生枝顶，叶片匙形或狭倒卵形，先端钝圆或微凹，基部渐尖。总状花序，腋生；花瓣白色。果卵形至纺锤形；种子1颗，圆柱状，种皮棕色。花果期4—11月。

产地和分布：广东、广西、海南、台湾。东半球热带地区。

生境：海滩红树林。

（175）红榄李 *Lumnitzera littorea* (Jack) Voigt

形态特征：乔木或为小乔木。叶常聚生枝顶，叶片肉质而厚，倒卵形或倒披针形，或窄倒卵状椭圆形，先端钝圆或微凹，基部渐狭成一不明显的柄。总状花序顶生，花多数；花瓣深红色。果纺锤形，黑褐色。花期 11—12 月，果期 6—8 月。

产地和分布：海南。澳大利亚；亚洲热带地区，太平洋岛屿。

生境：海滩红树林。

(176) 榄仁树 *Terminalia catappa* L.

形态特征：乔木。叶常密集于枝顶；叶片倒卵形，先端钝圆或短尖，中部以下渐狭，基部狭心形。穗状花序，腋生，雄花生于上部，两性花生于下部；花绿色或白色。果椭球形，常稍压扁，具2棱，棱上具翅状的狭边，果皮木质，成熟时青黑色；种子1颗，矩圆形。花期3—10月，果期5—9月。

产地和分布：广东、云南、台湾、云南。东半球热带地区。

生境：气候湿热的海滨沙滩上。

42. 千屈菜科 Lythraceae

（177）水芫花 *Pemphis acidula* J. R. Forst. & G. Forst.

形态特征：小灌木。小枝、幼叶和花序均被灰色短柔毛。叶椭圆形、倒卵状矩圆形或线状披针形。花腋生，二型；花瓣白色或粉红色。蒴果几全部被宿存萼管包围，倒卵形；种子多数，不规则，四周因有海绵质的扩展物而成厚翅。花果期5—12月。

产地和分布：台湾、海南（西沙岛屿）。非洲东部经印度洋至日本。

生境：海岸岩石缝中。

（178）无瓣海桑 *Sonneratia apetala* Buch.-Ham.

形态特征：乔木。小枝下垂。叶片狭椭圆形至披针形，向先端逐渐变狭，基部下延，先端钝。花3～7朵组成聚伞花序；萼片绿色，略弯曲；花瓣缺，花丝白色；柱头盾状。种子呈“U”形或镰刀形。花期5—12月，果期8月至翌年4月。

产地和分布：福建、广东、海南有栽培。原产于亚洲南部。

生境：红树林植物，生于海滨、河口泥滩。

(179) 海桑 *Sonneratia caseolaris* (L.) Engl.

形态特征：乔木。叶形状变异大，阔椭圆形、矩圆形至倒卵形，顶端钝尖或圆形，基部渐狭而下延成一短宽的柄。花具短而粗壮的梗；萼筒平滑无棱，浅杯状，果时碟形，裂片平展；花瓣条状披针形，暗红色。成熟的果实扁球形；种子细长。花期冬季，果期春、夏季。

产地和分布：广东、海南。澳大利亚；亚洲热带地区，太平洋岛屿。

生境：海滨泥滩。

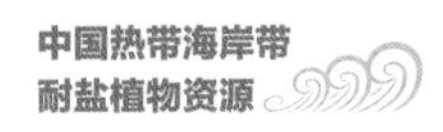

（180）杯萼海桑 *Sonneratia alba* Sm.

形态特征：乔木。叶倒卵形或阔椭圆形，顶端圆形，基部渐狭成楔形。花具短而粗壮的梗；萼筒钟形或倒圆锥形，有明显的棱，结实时形状不变，裂片外反，内面红色；花瓣白色，有时下部浅红色。果实近柱形；种子镰刀形。花果期秋季至翌年春季。

产地和分布：海南。东半球热带地区。

生境：红树林植物，生于海滨泥滩和河流两侧潮水能到达的红树林群落中。

（181）海南海桑 *Sonneratia × hainanensis* W. C. Ko, E. Y. Chen & W. Y. Chen

形态特征：乔木。小枝具明显的钝棱。叶对生，革质，宽椭圆形或近圆形，基部宽楔形。花3朵簇生，花梗粗壮；萼管钟状，萼檐6裂，裂片三角形，内面红色；花瓣白色。浆果扁球形，花柱宿存。种子多数，细小。花果期春、夏季。

产地和分布：海南。

生境：海滨泥滩红树林中。

（182）卵叶海桑 *Sonneratia ovata* Backer

形态特征：乔木。呼吸根细长，顶端尖。叶片宽卵形至近圆形，基部宽圆形或近心形，先端圆。花通常 6 数，花冠管有轻微疣状突起，具 6 纵棱，纵棱向下延伸至花梗基部；花瓣通常无或退化，白色，线形。果实近卵球形。花果期 3—10 月。

产地和分布：海南。印度尼西亚，马来西亚，巴布亚新几内亚，泰国，越南。

生境：红树林植物。

（183）拟海桑 *Sonneratia* × *gulngai* N. C. Duke & Jackes

形态特征：本种为杯萼海桑和海桑的自然杂交种。乔木，高达 20m。具发达的笋状呼吸根。单叶对生，厚革质。花 1 ～ 4 朵生于枝顶，花瓣红色，花丝白色或基部红色。浆果球形。花果期几乎全年。

产地和分布：海南。印度尼西亚，马来西亚，澳大利亚。

生境：红树林植物。

43. 柳叶菜科 Onagraceae

(184) 海滨月见草 *Oenothera drummondii* Hook.

形态特征：一年生或多年生草本；被白色或带紫色柔毛，有时在上部有腺毛。单叶互生，长线状披针形或长椭圆状披针形，全缘或边缘疏生浅齿。花黄色，单生叶腋；柱头开花时高于花药。蒴果圆柱状；种子椭球状，褐色。花期5—11月，果期6—12月。

产地和分布：福建、广东。原产于美国和墨西哥大西洋海岸，现归化于热带地区。

生境：海滨沙地。

（185）裂叶月见草 *Oenothera laciniata* Hill

形态特征：一年生或多年生草本，全株被曲柔毛，有时混生长柔毛，常混生腺毛。单叶互生，叶线状倒披针形或狭倒卵形或狭椭圆形，先端锐尖，基部楔形，边缘羽状深裂，先端常全缘。花单生叶腋；花瓣淡黄色至黄色；柱头开放时不高出花药。蒴果圆柱状；种子椭球状至近球状，褐色。花果期 5—11 月。

产地和分布：福建、台湾。日本。原产于北美洲东部，归化于其他热带地区。

生境：海滨沙滩或低海拔开矿荒地、田边处。

44. 桃金娘科 Myrtaceae

（186）香蒲桃 *Syzygium odoratum* (Lour.) DC.

形态特征：常绿乔木。叶片卵状披针形或卵状长圆形，先端尾状渐尖，基部钝或阔楔形。圆锥花序顶生或近顶生；花瓣白色；花柱与雄蕊同长。果实球形，略有白粉。花期 5—8 月，果期 9 月至翌年 1 月。

产地和分布：广东、广西、海南。越南。

生境：海岸平地疏林或空旷沙地上；深圳大鹏半岛西冲村附近有香蒲桃林。

45. 漆树科 Anacardiaceae

（187）巴西胡椒木 *Schinus terebinthifolia* Raddi

形态特征：灌木或小乔木。奇数羽状复叶互生，叶柄具狭翅，小叶 3 ～ 7 片，长椭圆形或卵状长椭圆形，叶基近圆形。圆锥花序顶生或腋生；花较小，花瓣白色。核果球形，成熟后变红。花期 4—5 月，果期 6—10 月。

产地和分布：我国台湾地区。原产于南美洲。

生境：海岸红树林边缘。

46. 无患子科 Sapindaceae

（188）海滨异木患 *Allophylus timoriensis* (DC.) Blume

形态特征：灌木。三出复叶；小叶阔卵形，顶端短尖，钝头，基部圆形，边缘有稀疏钝齿。花序复总状，通常主轴下部有一对短小分枝，单生；花瓣匙形，顶端圆或有时微缺。果倒卵形或近球形，红色。花期 7 月，果期 10—11 月。

产地和分布：海南、台湾。亚洲东南部。

生境：滨海地方的灌丛中。

（189）滨木患 *Arytera littoralis* Blume

形态特征：常绿小乔木或灌木。小叶常 2 ～ 3 对，长圆状披针形至披针状卵形，顶端骤尖，钝头，基部阔楔形至近圆钝。花序常紧密多花，被锈色短绒毛；花瓣与萼近等长，鳞片被长柔毛。蒴果的发育果爿椭圆形，红色或橙黄色；种子枣红色，假种皮透明。花期夏初，果期秋季。

产地和分布：广东、广西、海南、云南。亚洲南部至东南部。

生境：低海拔地区林中或灌丛、海岸青皮林中。

(190) 车桑子 *Dodonaea viscosa* Jacq.

形态特征：灌木或小乔木。单叶，线形、线状匙形、线状披针形、倒披针形或长圆形。圆锥花序或总状花序。蒴果倒心形或扁球形，2或3翅；种子透镜状，黑色。花期秋末，果期冬末春初。

产地和分布：福建、广东、广西、海南、四川、台湾、云南。全球热带和亚热带地区广布。

生境：离海岸近的沙荒地或干旱山坡。

（191）赤才 *Lepisanthes rubiginosa* (Roxb.) Leenh.

形态特征：常绿灌木或小乔木。嫩枝、花序和叶轴均密被锈色绒毛。小叶椭圆状卵形至长椭圆形，顶端钝或圆，背面被绒毛。花序通常为复总状；花小；花瓣倒卵形。发育的裂果红色。花期春季，果期夏季。

产地和分布：广东、广西、海南。亚洲南部至东南部；澳大利亚。

生境：海滨灌丛或疏林中。

(192) 柄果木 *Mischocarpus sundaicus* Blume

形态特征：乔木。小叶卵形或长圆状卵形，顶端短渐尖，基部圆或有时阔楔尖。圆锥花序或总状花序，密被短柔毛；无花瓣；花丝和花盘均无毛。蒴果梨状；种子1颗。花期10—11月，果期春、夏季。

产地和分布：广西、海南。亚洲东南部。

生境：海滨林中。

47. 芸香科 Rutaceae

（193）酒饼簕 *Atalantia buxifolia* (Poir.) Oliv.

形态特征：灌木。分枝常多刺。叶卵形、倒卵形、椭圆形或近圆形，顶端圆或钝，微或明显凹入。花常多朵簇生；花瓣白色。果圆球形，略扁圆形或近椭圆形，果皮平滑，有稍突起油点，透熟时蓝黑色，有种子2颗或1颗。花果期5—12月。

产地和分布：福建、广东、广西、海南、台湾、云南。马来西亚，菲律宾，越南。

生境：常见于海岸石上，近海平地、缓坡及低丘陵地区灌丛中。

(194) 牛筋果 *Harrisonia perforata* (Blanco) Merr.

形态特征：近直立或稍攀缘的灌木，叶柄基部有一对锐利的钩刺。叶菱状卵形，先端钝急尖，基部渐狭而成短柄。花数至10余朵组成顶生的总状花序，被毛；花瓣白色。果肉质，球形或不规则球形，成熟时淡紫红色。花期4—5月，果期5—8月。

产地和分布：广东、海南。亚洲南部至东南部。

生境：低海拔灌丛或海岸灌丛中。

（195）翼叶九里香 *Murraya alata* Drake

形态特征：灌木。枝黄灰色或灰白色。小叶倒卵形或倒卵状椭圆形，顶端圆，叶缘有不规则的细钝裂齿或全缘。聚伞花序，腋生，有花数朵；花瓣白色。果卵形或圆球形，朱红色；种子 2 ～ 4 颗，种皮有棉质毛。花期 5—7 月，果期 10—12 月。

产地和分布：广东、广西、海南。越南。

生境：近海的沙地灌丛中。

（196）小叶九里香 *Murraya microphylla* (Merr. & Chun) Swingle

形态特征：灌木或小乔木。小叶生于叶轴基部的常为阔卵形至长圆形，基部狭钝，两侧稍不对称，顶端钝或圆。伞房状聚伞花序顶生；花瓣白色。嫩果长卵形，成熟时长椭圆形，或间有圆球形，蓝黑色；种子 1 ～ 2 颗，种皮薄膜质。花期一年 2 次，4—5 月及 7—10 月，果期 10—12 月。

产地和分布：广东、海南。

生境：沿海沙质土灌木丛中。

48. 苦木科 Simaroubaceae

（197）鸦胆子 *Brucea javanica* (L.) Merr.

形态特征：灌木或小乔木。嫩枝、叶柄和花序均被黄色柔毛。小叶卵形或卵状披针形，先端渐尖，基部宽楔形至近圆形，两面均被柔毛，背面较密。花组成圆锥花序；花暗紫色。核果，长卵形，成熟时灰黑色。花期6—7月，果期8—10月。

产地和分布：福建、广东、广西、贵州、海南、台湾、云南。澳大利亚；亚洲南部和东南部。

生境：海滨沙地、海岸灌丛。

49. 楝科 Meliaceae

（198）椭圆叶米仔兰 *Aglaia rimosa* (Blanco) Merr.

形态特征：常绿灌木或小乔木。小枝、叶轴、叶柄、叶背、花序具有锈色鳞片。小叶长圆形，两端钝形或圆形。圆锥花序，腋生；花瓣黄色。浆果椭球形，外被棕褐色鳞片；种子1颗，具肉质的黄色假种皮。花果期6—8月。

产地和分布：我国台湾地区及其附近岛屿。印度尼西亚，巴布亚新几内亚，菲律宾；太平洋岛屿。

生境：沿海地区海岸灌丛中、岩石缝中。

(199) 楝 *Melia azedarach* L.

形态特征：落叶乔木。叶为二至三回奇数羽状复叶；小叶卵形、椭圆形至披针形。圆锥花序；花瓣淡紫色。核果球形至椭圆形，每室有种子 1 颗；种子椭球形。花期 4—5 月，果期 10—12 月。

产地和分布：原产我国黄河以南各省区。广布于东半球热带和亚热带地区。

生境：海滨沙质或土质岸边，亦见于红树林林缘。

(200) 杜楝 *Turraea pubescens* Hell.

形态特征：灌木。幼枝被黄色柔毛。叶片椭圆形或卵形，先端渐尖，基部常楔形或近圆形，两面均被疏柔毛，有时具不明显的疏钝齿或浅波状；叶柄被黄色柔毛。总状花序，腋生，呈伞房花序状；花瓣白色。蒴果球形，有种子5颗；种子长椭球形。花期4—7月，果期8—11月。

产地和分布：广东、广西、海南。澳大利亚；亚洲南部至东南部。

生境：海滨山地或疏林、海岸灌丛中。

(201) 木果楝 *Xylocarpus granatum* J. Kocnig

形态特征：乔木或灌木。小叶椭圆形至倒卵状长圆形，先端圆形，基部楔形至宽楔形。聚伞花序又组成圆锥花序，聚伞花序有花 1 ～ 3 朵；花瓣白色。蒴果球形；种子 8 ～ 12 颗，有棱。花果期 4—11 月。

产地和分布：海南。亚洲南部至东南部，非洲，太平洋岛屿。

生境：红树林植物，混生于浅水海滩的红树林。

50. 锦葵科 Malvaceae

（202）磨盘草 *Abutilon indicum* (L.) Sweet

形态特征：亚灌木状草本。全株均被灰色短柔毛。叶卵圆形或近圆形，先端短尖或渐尖，基部心形，边缘具不规则锯齿。花单生于叶腋；花黄色。果形似磨盘，分果爿 15 ～ 20 个，具短芒，被星状长硬毛；种子肾形，被星状疏柔毛。花果期 7—11 月。

产地和分布：福建、广东、广西、贵州、海南、四川、台湾、云南。亚洲南部至东南部。

生境：海滨沙地、旷野、山坡和河谷。

(203) 海岸扁担杆 *Grewia piscatorum* Hance

形态特征：灌木。叶卵形或椭圆形，先端常钝，基部圆形或微心形。聚伞花序 1 ~ 2 枝生于枝顶叶腋，通常 3 朵花；花两性。核果有沟，有分核 2 ~ 4 颗。花果期 5—7 月。

产地和分布：福建、台湾、海南。

生境：海滨。

(204) 泡果苘 *Herissantia crispa* (L.) Brizicky

形态特征：一年生或多年生草本，枝被白色长毛和星状细柔毛。叶心形，先端渐尖，边缘具圆锯齿，两面均被星状长柔毛。花黄色。蒴果球形，膨胀呈灯笼状，疏被长柔毛，熟时室背开裂，果瓣脱落；种子肾形，黑色。花果期全年。

产地和分布：海南、台湾。原产于美洲热带和亚热带地区，归化于印度、印度尼西亚和越南。

生境：常见于海岸沙地、湿生草地或疏林中。

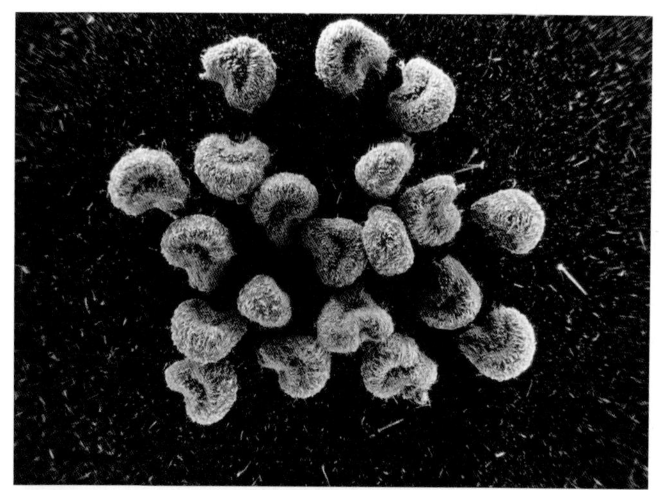

(205) 银叶树 *Heritiera littoralis* Aiton

形态特征：常绿乔木。叶矩圆状披针形、椭圆形或卵形，顶端锐尖或钝，基部钝，下面密被银白色鳞秕。圆锥花序，腋生，密被星状毛和鳞秕；花红褐色。果木质，坚果状，近椭圆形，光滑，干时黄褐色，背部有龙骨状突起；种子卵形。花期夏季，果期秋季。

产地和分布：广东、广西、海南、台湾。澳大利亚；亚洲南部到东南部，非洲。

生境：半红树林植物，生于海岸红树林附近。

（206）黄槿 *Hibiscus tiliaceus* L.

形态特征：乔木。叶近圆形或广卵形，先端突尖，基部心形，全缘或具不明显细圆齿。花序顶生或腋生，常数花排列成聚伞花序，总花梗基部一对苞片托叶状；花冠钟形，花瓣黄色，内面基部暗紫色，倒卵形。蒴果卵球形，果爿5个，木质；种子光滑，肾形。花果期6—10月。

产地和分布：福建、广东、海南、台湾。全球泛热带地区。

生境：海岸沙地、河口港湾或潮水能达到的堤岸或灌木丛中。

(207) 海滨木槿 *Hibiscus hamabo* Siebold & Zucc.

形态特征：落叶乔木或灌木。叶片圆形或宽倒卵形，叶下面密被白色柔毛，上面疏被星状毛，基部心形，边缘具不规则锯齿或近全缘，顶端锐尖。花单生于叶腋，或成少花的顶生总状花序；花冠黄色，后变橙红色，中间有红色斑点。蒴果卵形，密被褐色毛；种子肾形。花期 5—8 月，果期 7—9 月。

产地和分布：福建、浙江。日本，朝鲜。引种于印度和太平洋岛屿。

生境：海岸沙地。

(208) 圆叶黄花稔 *Sida alnifolia* L. var. *orbiculata* S. Y. Hu

形态特征：直立亚灌木或灌木。小枝被星状柔毛。叶圆形，直径 5 ～ 13mm，具圆齿，两面被星状长硬毛，叶柄长约 5mm，密被星状疏柔毛；托叶钻形，长约 2mm。花单生，花梗长约 3cm，花萼被星状绒毛，裂片顶端被纤毛，雄蕊柱被长硬毛。花果期 5—12 月。

产地和分布：海南、广东。

生境：海滨沙地。

（209）心叶黄花稔 *Sida cordifolia* L.

形态特征：亚灌木。全株密被浅黄色短星状柔毛并混生长柔毛。叶卵形，先端钝或圆，基部微心形或圆，边缘具钝齿。花单生或簇生于叶腋或在顶部排成总状花序；花瓣黄色。蒴果分果爿 10 个，顶端具 2 长芒，突出于萼外，被倒生刚毛；种子长卵形。花期全年。

产地和分布：福建、广东、广西、海南、四川、台湾、云南。泛热带地区。

生境：山坡灌丛间或路旁草丛中，近海沙地亦常见。

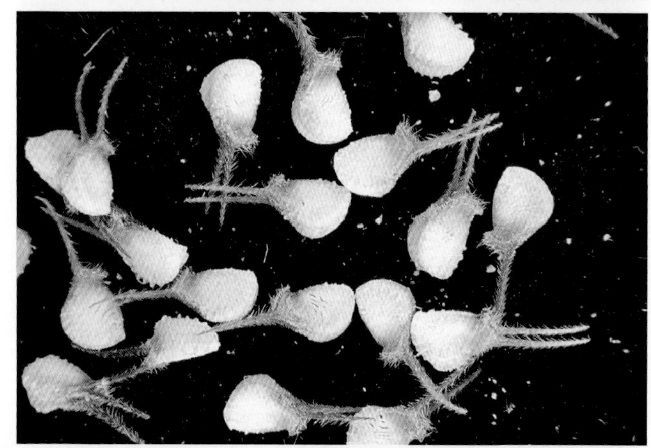

(210) 桐棉 *Thespesia populnea* (L.) Sol. ex Correa

形态特征：常绿乔木。小枝、叶下面、叶柄、花梗、小苞片、花萼被密或疏鳞秕。叶卵状心形，先端长尾状，基部心形。花单生于叶腋间；花冠钟形，黄色，内面基部具紫色块。蒴果梨形；种子三角状卵形，被褐色纤毛。花期近全年。

产地和分布：广东、海南、台湾。全球热带地区。

生境：海岸灌丛，或与红树林伴生。

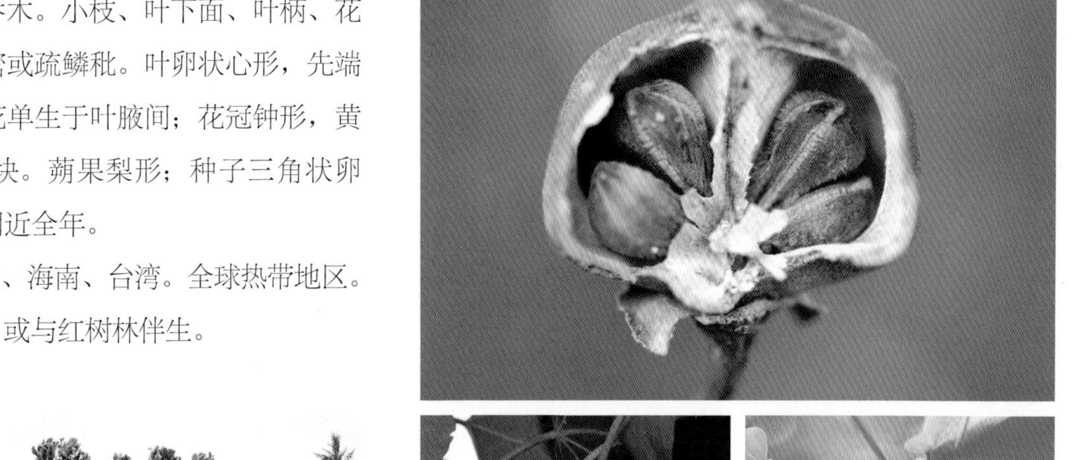

(211) 铺地刺蒴麻 *Triumfetta procumbens* G. Forst.

形态特征：木质草本。茎匍匐，嫩枝被黄褐色星状短茸毛。叶卵圆形，有时3浅裂，先端圆钝，基部心形，上面有星状短茸毛，下面被黄褐色厚茸毛。聚伞花序，腋生；花两性；花瓣黄色。果实球形，干后不开裂；针刺长3～4mm；每室有种子1～2颗。花果期12月至翌年9月。

产地和分布：海南（西沙岛屿）。日本，马来西亚，澳大利亚；印度洋和太平洋岛屿。

生境：海滨沙滩上。

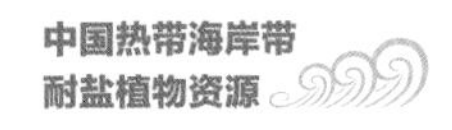

(212) 粗齿刺蒴麻 *Triumfetta grandidens* Hance

形态特征：木质草本，披散或匍匐。叶变异较大，下部的菱形，3～5裂，上部的长圆形，先端钝，基部楔形。聚伞花序，腋生；花瓣阔卵形。蒴果球形；针刺长2～4mm，被柔毛，先端有短勾。花期冬、春季。

产地和分布：广东、海南。缅甸，马来西亚，泰国，越南。

生境：海岸沙地上。

(213) **蛇婆子** *Waltheria indica* L.

形态特征：直立或匍匐状半灌木。小枝密被短柔毛。叶卵形或长椭圆状卵形，顶端钝，基部圆形或浅心形，边缘有小齿，两面均密被短柔毛。聚伞花序，腋生，头状，近于无轴或有长约 1.5cm 的花序轴；花瓣淡黄色。蒴果倒卵形，被毛；种子倒卵形。花果期夏、秋季。

产地和分布：福建、广东、广西、海南、台湾、云南。原产于美洲热带地区，现泛热带地区。

生境：海滨沙地和草丛中。

51. 瑞香科 Thymelaeaceae

(214) 了哥王 *Wikstroemia indica* (L.) C. A. Mey.

形态特征：灌木。枝红褐色。叶纸质至近革质，倒卵形、长圆形或披针形，先端钝或尖，基部宽楔形或楔形。花黄绿色，数朵组成顶生短总状花序；花瓣缺。果椭球形，成熟时红色至暗紫色。花果期夏、秋季。

产地和分布：福建、广东、广西、贵州、海南、湖南、四川、台湾、云南、浙江。澳大利亚；亚洲南部至东南部，太平洋岛屿。

生境：海滨沙滩、海岸礁石上。

52. 龙脑香科 Dipterocarpaceae

(215) 青梅 *Vatica mangachapoi* Blanco

形态特征：乔木，具白色芳香树脂。叶长圆形至长圆状披针形，先端渐尖或短尖，基部圆形或楔形。圆锥花序顶生或腋生；花瓣白色，有时为淡黄色或淡红色。果球形；增大的花萼裂片其中 2 枚较长，先端圆形。花期 5—6 月，果期 8—9 月。

产地和分布：海南。印度尼西亚，马来西亚，菲律宾，泰国，越南。

生境：海岸沙地，有时形成优势群落。

53. 刺茉莉科 Salvadoraceae

（216）刺茉莉 *Azima sarmentosa* (Blume) Benth. & Hook. f.

形态特征：直立灌木。枝具腋生刺。叶卵形、椭圆形、宽椭圆形、近圆形或倒卵形，先端急尖，基部钝或圆。圆锥花序或总状花序；花雌雄异株或同株，淡绿色。浆果球形，白色或绿色；种子 1 ～ 3 颗。花果期 1—5 月。

产地和分布：海南。亚洲东南部。

生境：海岸灌丛和海滩上。

54. 山柑科 Capparaceae

（217）兰屿山柑 *Capparis lanceolaris* DC.

形态特征：攀缘或蔓性灌木。小枝常具刺；刺向下弯。叶长圆形，两面光滑无毛。伞形花序；花白色、淡黄色、粉红色或红色。浆果近球形至球形，淡蓝黑色；种子 3 颗或更多。花期 6—7 月，果期 7—8 月。

产地和分布：我国台湾地区（兰屿）。

生境：海岸峭壁或岩石缝中。

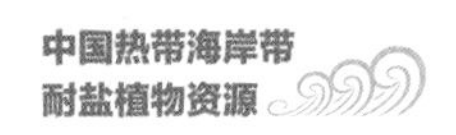

(218) 青皮刺 *Capparis sepiaria* L.

形态特征：矮小灌木。小枝密被灰黄色柔毛，左右弯曲；有托叶刺。叶长圆状椭圆形或长圆状卵形，有时线状长圆形，顶端钝形或圆形，基部急尖至圆形。花白色，排成无总花梗的亚伞形或短总状花序，常着生在侧枝顶端。果球形，表面平滑；种子 1 ～ 4 颗。花期 4—6 月，果期 8—12 月。

产地和分布：广东、广西、海南。澳大利亚；亚洲南部至东南部。

生境：海岸坡地的灌丛或疏林中。

(219) 牛眼睛 *Capparis zeylanica* L.

形态特征：灌木。新生枝、幼叶、花梗、萼片背面被红褐色至浅灰色星状绒毛；有托叶刺。叶椭圆状披针形或倒卵状披针形，基部急尖或圆形，顶端急尖或圆形。花腋生，常先叶开放；花瓣白色。果球形或椭球形，果皮表面有细疣状突起，成熟时红色或紫红色；种皮赤褐色。花期 2—4 月，果期 7—10 月。

产地和分布：广东、广西、海南。亚洲南部至东南部。

生境：海岸灌丛常见。

(220) 黄花草 *Cleome viscosa* L.

形态特征：直立草本。全株密被黏质腺毛与淡黄色柔毛。掌状复叶具 3 ～ 7 小叶；小叶边缘有腺纤毛。总状或伞房状花序顶生；花瓣淡黄色或橘黄色。果圆柱形，密被腺毛；种子黑褐色，表面有皱纹。花果期几全年。

产地和分布：安徽、福建、广东、广西、海南、湖南、江西、台湾、云南、浙江。全球热带地区。

生境：海滨空旷沙地。

（221）**树头菜** *Crateva unilocularis* Buch.-Ham.

形态特征：乔木。花期时树上有叶。小叶薄革质，侧生小叶基部不对称，顶端渐尖或急尖；叶柄顶端有腺体。总状或伞房状花序着生在下部小枝顶部，有花10～40朵；花瓣白色或黄色；雄蕊13～30枚；柱头头状。果球形，表面粗糙，有近圆形灰黄色小斑点；果时花梗，花托与雌蕊柄均木化增粗，种子多数，暗褐色，种皮平滑。花期3—7月，果期7—8月。

分布：广东、广西及云南等。

生境：红树林伴生植物。

(222) 钝叶鱼木 *Crateva trifoliata* (Roxb.) B. S. Sun

形态特征：乔木或灌木。花期时树上无叶或叶刚出。小叶椭圆形或倒卵形，顶端圆急尖或钝急尖。数花在近顶部腋生或多至 12 朵花排成明显的花序；花瓣白色转黄色，瓣片顶端圆形。果球形；种子多数，肾形，暗黑褐色。花期 3—5 月，果期 8—9 月。

产地和分布：广东、广西、海南、云南。亚洲南部至东南部。

生境：海滨林地。

55. 铁青树科 Olacaceae

（223）海檀木 *Ximenia americana* L.

形态特征：灌木或小乔木。小枝有枝刺。叶长圆形、椭圆形或卵圆形，顶端圆钝或微有凹缺，有小尖头，基部圆形。花 3 ～ 6 朵，排成蝎尾状的聚伞花序，花序腋生或在短枝上成丛生状；花瓣白色，长椭圆形。果卵球形或近球形，熟时橙黄色。花果期 3—6 月。

产地和分布：海南。澳大利亚；亚洲南部至东南部，非洲，美洲，太平洋岛屿。

生境：海滨沙地或沿海低山。

巫智敏　摄

巫智敏　摄

(224) 铁青树 *Olax imbricata* Roxb.

形态特征：灌木或攀缘状灌木。叶近革质，椭圆形、长椭圆形或长圆形，顶端钝尖或凸尖，基部近圆形。花排成穗状花序状的螺旋状聚伞花序，花序腋生，单生或 2 至数个簇生；花瓣白色或淡黄色。核果卵球形或近球形，成熟时黄色，半埋在增大成浅杯状或碗状的花萼筒内。花果期 4—10 月。

产地和分布：海南、台湾。亚洲南部至东南部。

生境：低海拔疏林、海岸青皮林中。

56. 柽柳科 Tamaricaceae

（225）无叶柽柳 *Tamarix aphylla* (L.) H. Karst.

形态特征：乔木或大灌木。幼枝细弱、光滑。叶无柄，抱茎成鞘状，急尖。圆锥花序顶生；花萼和花瓣均 5 枚，深裂，覆瓦状排列；雄蕊 5 枚，花丝着生在花盘裂片间；花柱 2 ～ 5 枚。蒴果，3 ～ 5 瓣裂。花期 9—10 月。

产地和分布：我国台湾地区有引种。原产于非洲北部、东部至亚洲阿富汗和巴基斯坦等地。

生境：冲积平原至沙地，盐碱地至海滨。

（226）柽柳 *Tamarix chinensis* Lour.

形态特征：灌木或小乔木。多分枝，小枝下垂。叶钻形或卵状披针形，先端渐尖而内弯。总状花序组成圆锥花序；花瓣粉红色；雄蕊5枚，花丝着生在花盘主裂片间；花柱棍棒状。蒴果圆锥状。花期4—9月。

产地和分布：我国南部至西南部有引种，在安徽、河北、河南、江苏、辽宁、山东有野生。

生境：河流冲积平原、海滨、滩头、潮湿盐碱地和沙荒地。

57. 白花丹科 Plumbaginaceae

(227) 补血草 *Limonium sinense* (Girard) Kuntze

形态特征：多年生草本。叶倒卵状长圆形、长圆状披针形至披针形，先端通常钝或急尖，基部下延成扁柄。花序伞房状或圆锥状；花序轴通常 3 ～ 5 枚；花萼漏斗状，萼檐白色；花冠黄色。花期 4—12 月。

产地和分布：福建、广东、广西、河北、江苏、辽宁、山东、台湾、浙江。日本，越南。

生境：沿海潮湿盐土及沙地上。

58. 十字花科 Brassicaceae

（228）滨莱菔 *Raphanus sativus* L.

形态特征：一年生或二年生草本植物。根非肉质，不增粗。茎有分枝。基生叶和下部茎生叶大头羽状半裂。总状花序顶生及腋生；花淡红紫色；花瓣倒卵形。角果长 1 ～ 2cm，直立，稍革质，果梗斜上。花果期 4—6 月。

产地和分布：食用类型在全国均有栽培，生于我国东南和南部滨海的为野生类型。

生境：此种的野生类型生于海滨沙地上。

59. 蓼科 Polygonaceae

（229）羊蹄 *Rumex japonicus* Houtt.

形态特征：直立草本。基生叶长圆形或披针状长圆形，顶端急尖，基部圆形或心形；茎上部叶狭长圆形。花序圆锥状，花两性，多花轮生。瘦果宽卵形，具三锐棱，两端尖，暗褐色，有光泽。花期5—6月，果期6—7月。

产地和分布：我国北部、中部、东部和华南。日本，朝鲜，俄罗斯远东地区。

生境：海滨沙地。

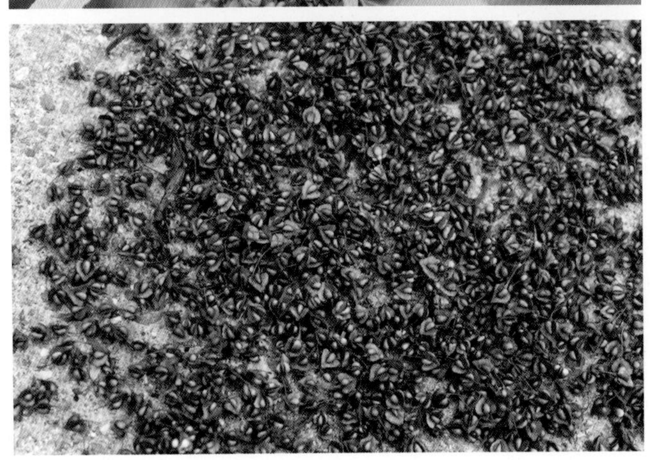

60. 石竹科 Caryophyllaceae

（230）漆姑草 *Sagina japonica* (Sw.) Ohwi

形态特征：一年生小草本。茎丛生，稍铺散。叶片线形，顶端急尖，无毛。花小，单生枝端；花瓣白色。蒴果卵球形；种子细，圆肾形，微扁，褐色，表面具尖瘤状突起。花期3—5月，果期5—6月。

产地和分布：我国各地。不丹，印度，日本，朝鲜，尼泊尔，俄罗斯。

生境：海滨沙地。

61. 苋科 Amaranthaceae

（231）砂苋 *Allmania nodiflora* (L.) R. Br. ex Wight

形态特征：一年生草本。叶倒卵形、矩圆形或条形，顶端急尖、骤尖或圆钝，具锐尖头，基部渐狭。花两性，数花成聚伞花序，再形成头状花序。胞果卵形，盖裂；种子凸镜状，黑色，有假种皮。花期5—6月，果期7—8月。

产地和分布：广西、海南。亚洲热带地区。

生境：低海拔旷野沙地和海岸沙滩。

(232) 刺花莲子草 *Alternanthera pungens* Kunth

形态特征：披散草本，密生伏贴白色硬毛。叶片卵形、倒卵形或椭圆倒卵形，对生叶大小不等，顶端圆钝，具短尖，基部渐狭。头状花序无总梗，1～3个，腋生，白色，球形或矩圆球形。胞果宽椭球形，褐色，极扁平，顶端截形或稍凹。花期5月，果期7月。

产地和分布：福建、四川、海南。澳大利亚，美国。原产于南美洲，归化于亚洲东南部。

生境：海滨沙地。

（233）海滨藜 *Atriplex maximowicziana* Makino

形态特征：多年生草本。茎直立，多分枝。叶互生，叶片菱状卵形至卵状矩圆形，全缘，两面都有密粉，上面灰绿色，下面灰白色，侧裂片位于中部稍下，中裂片微波状或全缘。团伞花序腋生，并于枝顶集成小型穗状圆锥花序；雄花花被 5 深裂，雄蕊 5 枚；雌花的苞片菱状宽卵形至三角状卵形，具短柄，果苞片的边缘仅在基部合生，靠基部的中心部在果实成熟时大多木栓化膨胀，无附属物，边缘具三角形锯齿。胞果扁平，圆形或双凸镜形；种子红褐色。花果期 9—12 月。

产地和分布：福建、台湾。

生境：海滨沙滩。

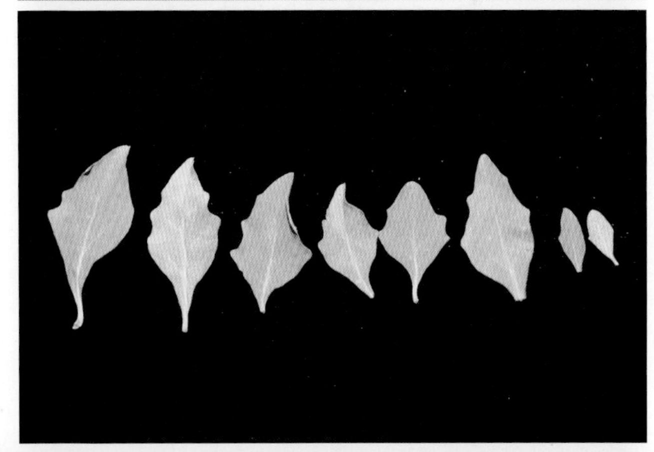

（234）匍匐滨藜 *Atriplex repens* Roth

形态特征：灌木。茎外倾或平卧。叶片宽卵形至卵形，肥厚，全缘，两面均为灰绿色，有密粉，先端圆或钝，基部宽楔形至圆形。花于枝的上部集成有叶的短穗状花序。胞果扁，卵形，果皮膜质。种子红褐色至黑色。果期 12 月至翌年 1 月。

产地和分布：海南、台湾。亚洲南部和东南部。

生境：海滨空旷沙地或海岸上。

（235）狭叶尖头叶藜 *Chenopodium acuminatum* Willd. subsp. *virgatum* (Thunb.) Kitam.

形态特征：一年生直立草本。叶较狭小，狭卵形、矩圆形乃至披针形，长度显著大于宽度。花两性，团伞花序于枝上部排列成紧密的或有间断的穗状或穗状圆锥状花序。胞果顶基扁，圆形或卵形；种子横生，黑色。花期6—7月，果期8—9月。

产地和分布：福建、广东、广西、河北、江苏、辽宁、台湾、浙江。日本，越南。

生境：海滨荒地。

(236) 银花苋 *Gomphrena celosioides* Mart.

形态特征：一年生直立草本。茎有贴生白色长柔毛。叶柄被白色长柔毛；叶椭圆形至椭圆状倒卵形，被白色长柔毛和纤毛，基部渐狭，边缘波状，先端急尖或钝。花序银白色；小苞片紫色，三角状披针形，长于苞片；花被片花期后变硬。胞果近球形。花果期2—6月。

产地和分布：广东、海南、台湾。原产于美洲热带地区，现归化于其他泛热带地区。

生境：海滨沙地常见。

（237）安旱苋 *Philoxerus wrightii* Hook. f.

形态特征：稍肉质矮小草本。茎俯卧丛生。叶片倒卵状匙形。花序呈小头状花序，生于短枝顶端。胞果卵形，侧扁，包裹于宿存花被片内；种子褐色。花果期 5—8 月。

产地和分布：我国台湾地区。日本。

生境：海滨礁石上。

（238）毕节海蓬子 *Salicornia bigelovii* Torr.

形态特征：肉质草本或小灌木。无毛，枝对生，有圆柱形的节。茎直立，多分枝；茎肉质，苍绿色。叶退化为鳞片状。穗状花序，腋生；花被肉质；雄蕊长于花被；柱头 2 枚。胞果卵形；种子矩圆状卵形。花果期 6—9 月。

产地和分布：广东、广西、海南。原产于美国。

生境：海滨湿地或沙地。

(239) **南方碱蓬** *Suaeda australis* (R. Br.) Moq.

形态特征：小灌木。叶条形，粉绿色或带紫红色，具关节。团伞花序含 1 ～ 5 花，腋生；花两性；花被稍肉质，绿色或带紫红色。胞果扁，圆形，果皮膜质，易与种子分离；种子双凸镜状，黑褐色。花果期 7—11 月。

产地和分布：福建、广东、广西、江苏、台湾。澳大利亚；亚洲东南部。

生境：海滨沙地、红树林边缘等处。

（240）裸花碱蓬 *Suaeda maritima* (L.) Dumort.

形态特征：多年生草本。多分枝，基部木质化。叶无柄，互生，肉质，线状圆柱形，全缘。花两性或单性，穗状花序，黄绿色；小苞片3枚，披针形；花被片5枚，椭圆形。胞果包于宿存花被片中或相连合，褐色。

产地和分布：我国台湾地区。世界各地。

生境：海滨沙地和滩涂中。

（241）针叶苋 *Trichuriella monsoniae* (L. f.) Bennet

形态特征：多年生草本。全株有白色绵毛。叶对生或近轮生，钻状针形，灰绿色，基部渐狭，有时成鞘状；无叶柄。穗状花序顶生，长卵形至圆柱形；总花梗极短或无；苞片及小苞片披针形；花被片 4 枚，钻状披针形，淡红色或带绿色；雄蕊 4 ～ 5 枚，比花被片短；退化雄蕊钻形，膜质。胞果卵形，顶端横裂；种子卵形，光亮，平滑。花期 4—8 月，果期 8—11 月。

产地和分布：海南。

生境：海滨沙地上。

62. 针晶粟草科 Gisekiaceae

（242）针晶粟草 *Gisekia pharnaceoides* L.

形态特征：铺散草本。多分枝。叶片稍肉质，椭圆形或匙形，两面均有多数白色针状结晶体；叶柄上面具沟。花小，多朵簇生成束或为伞形花序，腋生或生于两分枝之间；花被片淡绿色。果肾形，为宿存花被片包围；种子稍黑色，平滑，具细小腺点。花期夏秋，果期冬季。

产地和分布：海南。亚洲和非洲的热带和亚热带地区，北美洲有引种。

生境：海滨沙地。

63. 番杏科 Aizoaceae

(243) 海马齿 *Sesuvium portulacastrum* (L.) L.

形态特征：多年生肉质草本。茎匍匐，常节上生根。叶肉质，线状倒披针形或线形。花小，单生叶腋；花被裂片外面绿色，里面红色。蒴果卵形，长不超过花被，中部以下环裂；种子小，亮黑色，卵形。花期4—7月。

产地和分布：福建、广东、广西、台湾。全球热带和亚热带地区。

生境：海滨沙地和近海岸的平地。

（244）番杏 *Tetragonia tetragonioides* (Pall.) Kuntze

形态特征：肉质草本。叶片卵状菱形或卵状三角形，边缘波状。花单生或 2 ～ 3 朵簇生叶腋；花被筒裂片内面黄绿色。坚果陀螺形，具 4 ～ 5 角，附有宿存花被；种子数颗。花果期 3—10 月。

产地和分布：福建、广东、江苏、台湾、云南、浙江。亚洲热带地区，非洲。原产于大洋洲和南美洲。

生境：海滨沙地。

（245）假海马齿 *Trianthema portulacastrum* L.

形态特征：匍匐或直立草本。叶片薄肉质，卵形、倒卵形或倒心形，大小变化较大，顶端钝，微凹、截形或微尖，基部楔形。花单生于叶腋；花被常淡粉红色，稀白色。蒴果肉质，不开裂；种子肾形，暗黑色，表面具波状皱纹。花果期3—10月。

产地和分布：广东、海南、台湾。泛热带地区。

生境：海滨的空旷干旱沙地。

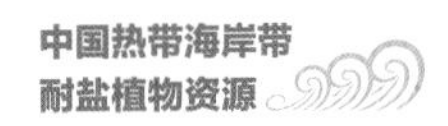

64. 紫茉莉科 Nyctaginaceae

（246）白花黄细心 *Boerhavia albiflora* Fosberg

形态特征：多年生草本。茎平卧上升，从基部分枝。叶卵形，基部圆形或楔形，先端圆或略尖。聚伞状花序，腋生，常具5个不同长度的分枝，每一小分枝具4～10朵或更多近无柄的花，呈头状。花白色。果实棍棒状，具5棱，密被腺毛。花果期全年。

产地和分布：海南（西沙岛屿）。亚洲热带地区和太平洋岛屿。

生境：海滨沙地和珊瑚岛礁等地。

(247) 红细心 *Boerhavia coccinea* Mill.

形态特征：一年生或多年生草本。茎匍匐或上升，茎被腺毛或有时无毛。叶形变化较大，披针形至近圆形，基部楔形至浅心形，先端圆或突尖。花序近顶生，常因上部叶缩短而成圆锥花序。花白色，粉红色或浅紫色。果实纺锤形或梭形，具5棱，具腺毛。花果期4—5月。

产地和分布：海南。非洲，美洲。

生境：海滨沙地。

(248) 黄细心 *Boerhavia diffusa* L.

形态特征：蔓性草本。根肥粗，肉质。叶片卵形，顶端钝或急尖，基部圆形或楔形。头状聚伞圆锥花序顶生；花被淡红色或亮紫色，花被筒上部钟形，具5棱，顶端皱褶，浅5裂，下部倒卵形，被疏柔毛及黏腺。果实棍棒状，具5棱，有黏腺和疏柔毛。花果期春季至秋季。

产地和分布：福建、广东、广西、贵州、海南、四川、台湾、云南。全球热带地区。

生境：沿海旷地或海岸坡地。

(249) 直立黄细心 *Boerhavia erecta* L.

形态特征：直立草本。叶片卵形、长圆形或披针形，顶端急尖，基部圆形或楔形。聚伞圆锥花序紧密，有1～2枚披针形小苞片；花被管状或钟状，有5条不明显的棱，中部缢缩，白色、红色或粉红色。果实倒圆锥形，顶端截形，无毛，5条棱间的沟稍呈波状。花果期夏季。

产地和分布：广东、海南。亚洲东南部，太平洋岛屿。

生境：海滨沙地。

（250）光果黄细心 *Boerhavia glabrata* Blume

形态特征：草本。茎平卧，多分枝。叶宽披针形或披针形，先端急尖或钝，基部圆或截形。聚伞花序或假伞状花序，腋生，花序梗单一或具 2 ～ 3 分枝，花单生或 3 ～ 6 朵生于分枝顶端；花白色或浅紫色。果实倒卵球形或椭圆形，顶端圆，具 5 棱，棱上光滑无毛，棱沟内密被有柄腺毛。花果期 5—7 月。

产地和分布：我国台湾地区。印度尼西亚，日本；太平洋岛屿。

生境：海滨沙滩、沿海山坡或沙质土壤上。

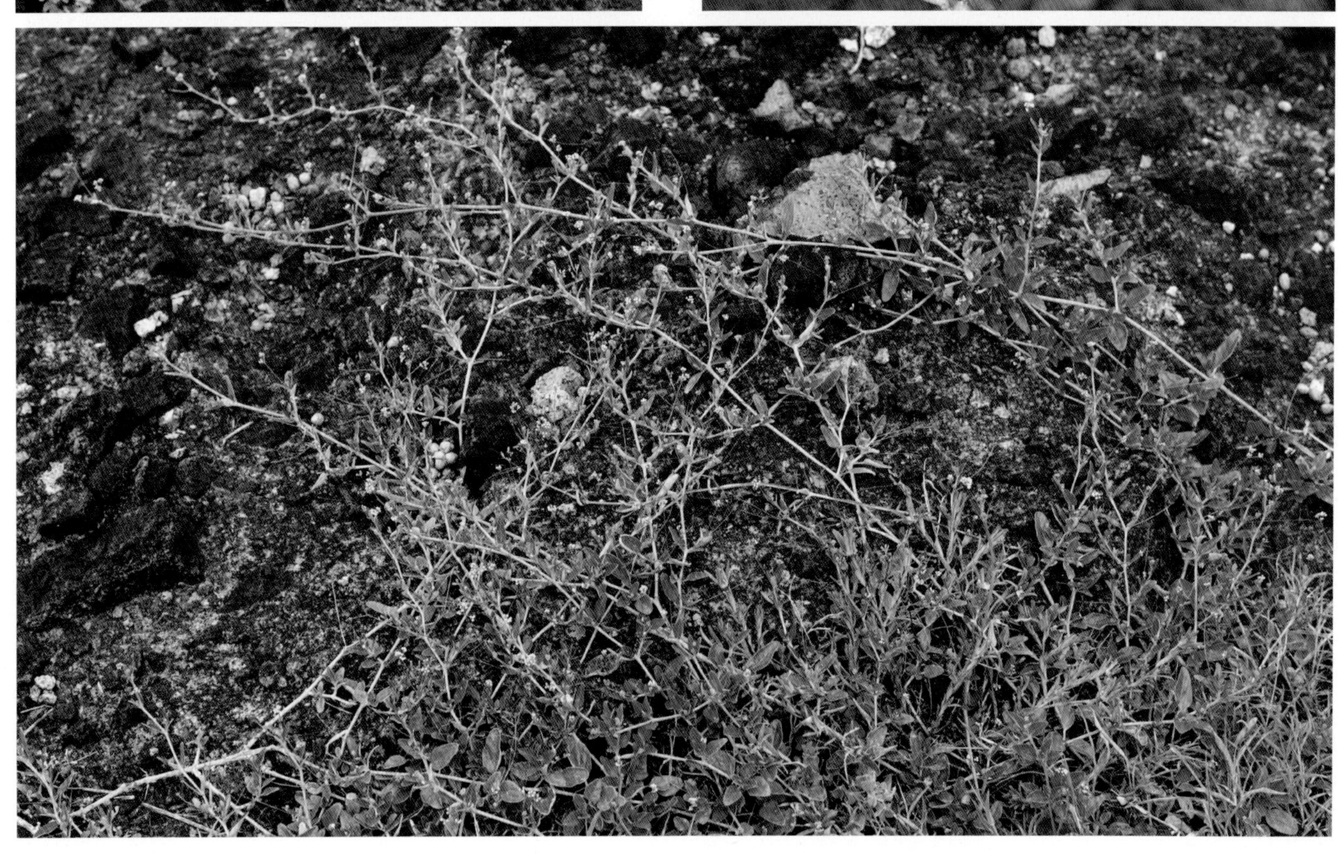

(251) 匍匐黄细心 *Boerhavia repens* L.

形态特征：多年生草本。茎平卧，自基部多分枝，无腺毛而微被绒毛。叶柄长达 1cm；叶背苍白。叶基部圆形或楔形，全缘，先端圆或稍尖。花序常腋生，伞状花序常具 2 ～ 5 朵花，有时常聚集成聚伞花序，长达 2cm，花梗约 1cm；花白色、粉红色或浅紫色；雄蕊 1 ～ 3 枚，果实棍棒状，具 5 棱，被微柔毛或有时具无柄腺毛。花果期 4—10 月。

产地和分布：福建、广东、海南。

生境：扰动较大的向阳处、沙地等。

(252) 腺果藤 *Pisonia aculeata* L.

形态特征：藤状灌木。叶卵形或椭圆形，叶下面被黄褐色柔毛。花序密集成圆锥状聚伞花序，被黄褐色柔毛；花被黄色。果实棍棒状，具5棱，被有柄头状腺体及黑褐色短柔毛。花果期几全年。

产地和分布：海南、台湾。全球热带地区。

生境：海岸灌丛和疏林中。

（253）抗风桐 *Pisonia grandis* R. Br.

形态特征：乔木。叶椭圆形、长圆形或卵形，顶端急尖至渐尖，基部圆形或微心形。聚伞花序顶生或腋生；花两性。果实棍棒状，具5棱，沿棱具1列有黏液的短皮刺，棱间有毛。花期夏季，果期秋季。

产地和分布：海南、台湾。亚洲南部至东南部；澳大利亚，马达加斯加；太平洋岛屿。

生境：海岸林中。

65. 粟米草科 Molluginaceae

（254）无茎粟米草 *Mollugo nudicaulis* Lam.

形态特征：草本。叶全部基生，叶片椭圆状匙形或倒卵状匙形，顶端钝，基部渐狭。二歧聚伞花序自基生叶丛中长出；花黄白色。蒴果近圆形或稍呈椭圆形，与宿存花被几等长；种子栗黑色，近肾形，具多数颗粒状突起。花果期几乎全年。

产地和分布：广东、海南。亚洲南部，非洲，中美洲，太平洋岛屿。

生境：海滨沙地或旷地。

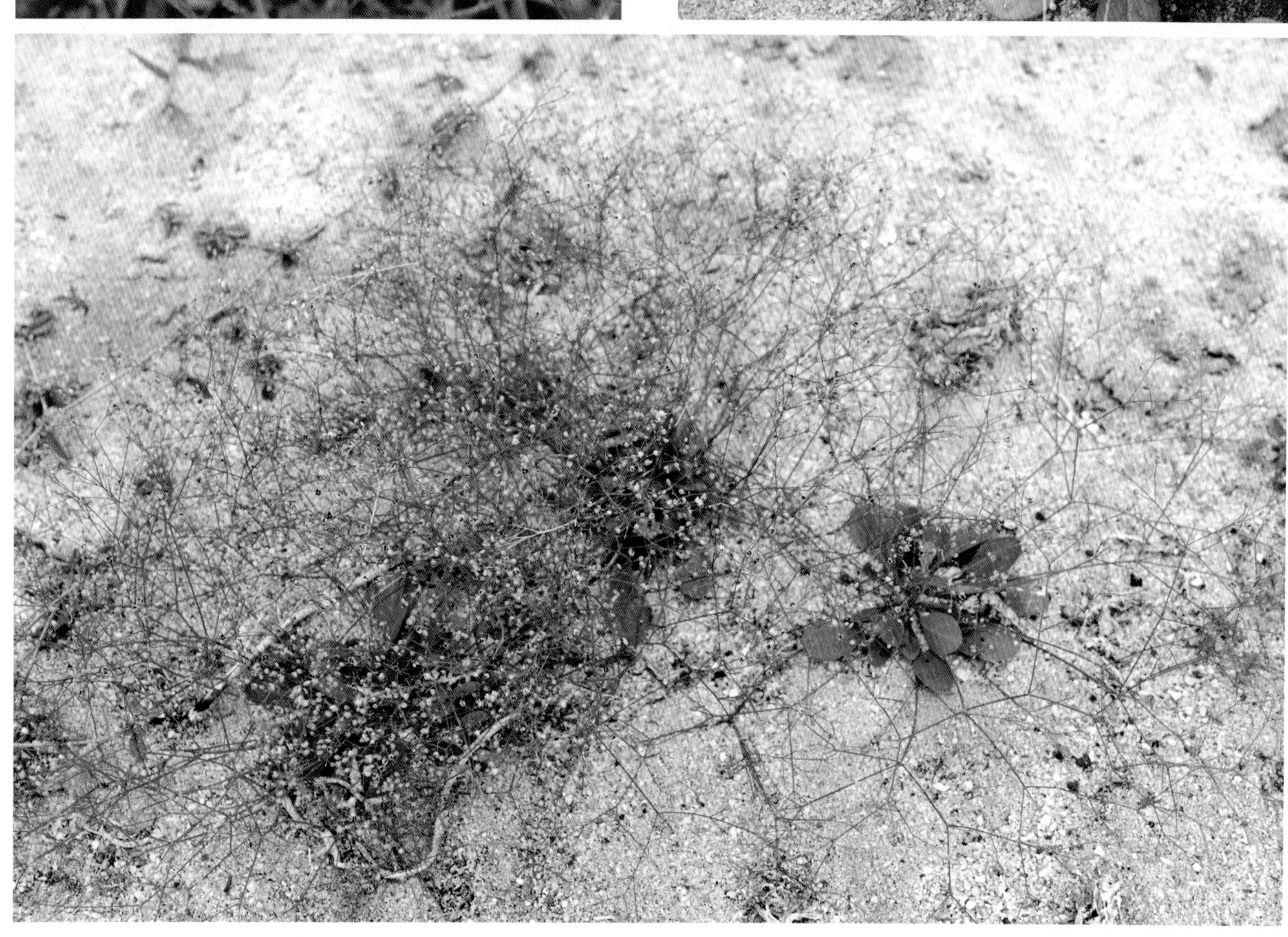

（255）粟米草 *Mollugo stricta* L.

形态特征：铺散草本。茎多分枝。叶假轮生或对生，叶片披针形或线状披针形，顶端急尖或长渐尖，基部渐狭，全缘。花组成疏松聚伞花序；花被片淡绿色。蒴果近球形；种子肾形。花期6—8月，果期8—10月。

产地和分布：我国中部、东部、南部。亚洲热带和亚热带地区。

生境：海滨沙地和荒地。

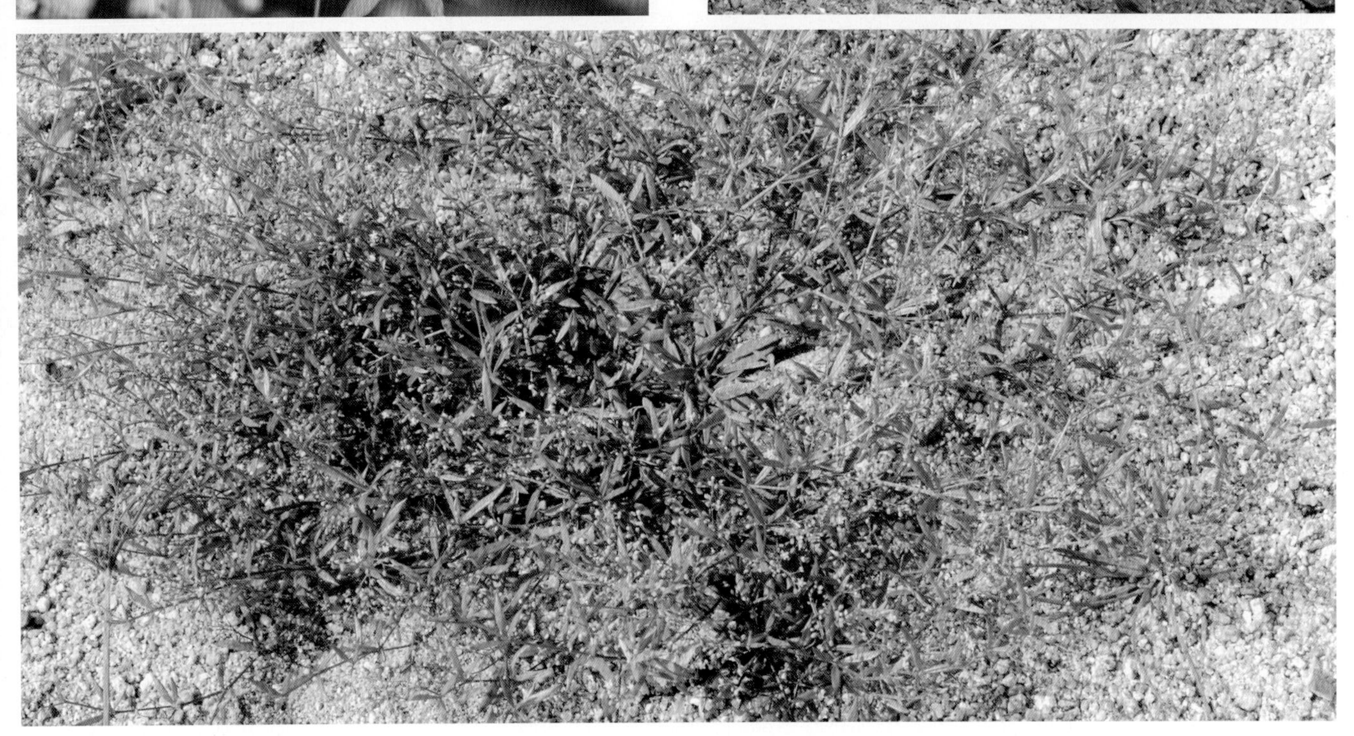

（256）种棱粟米草 *Mollugo verticillata* L.

形态特征：直立或铺散草本。基生叶倒卵形或倒卵状匙形；茎生叶倒披针形或线状倒披针形，顶端急尖或钝，基部狭楔形。花淡白色或绿白色。蒴果椭球形或近球形，宿存花被包围一半以上；种子肾形，脊具弧形肋棱，棱间有细密横纹。花果期秋、冬季。

产地和分布：福建、广东、广西、海南、山东、台湾。日本；美洲热带地区，欧洲。

生境：海滨沙地、瘠土或旱田中。

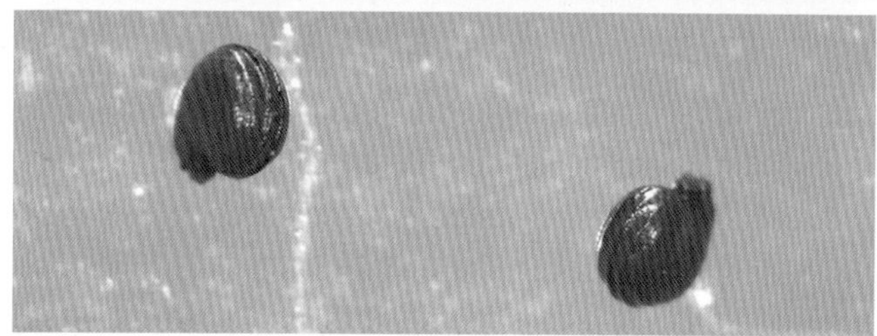

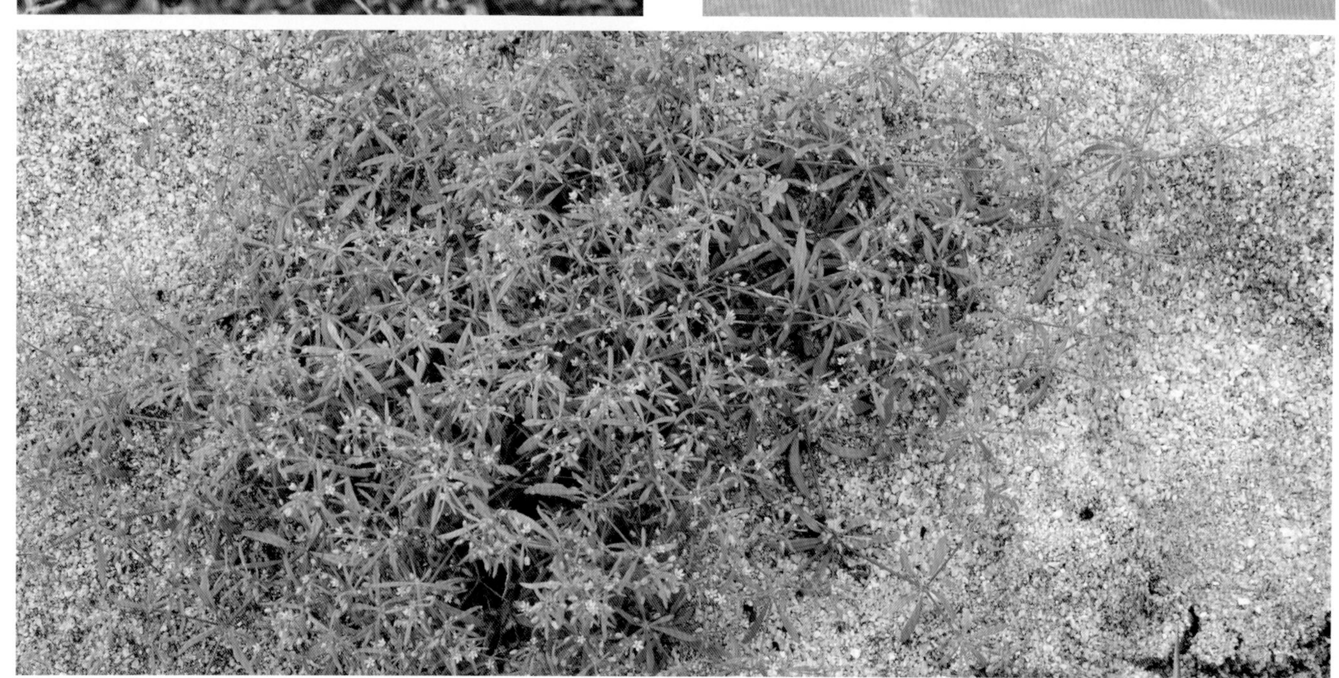

(257) **长梗星粟草** *Glinus oppositifolius* (L.) Aug. DC.

形态特征：铺散草本。叶片匙状倒披针形或椭圆形，顶端钝或急尖，基部狭长，边缘中部以上有疏离小齿。花通常 2 ~ 7 朵簇生叶腋，绿白色、淡黄色或乳白色。蒴果椭球形，稍短于宿存花被；种子栗褐色，假种皮围绕种柄稍膨大呈棒状。花果期几乎全年。

产地和分布：海南、台湾。非洲。

生境：海滨空旷沙地、河溪边或稻田。

66. 马齿苋科 Portulacaceae

（258）马齿苋 *Portulaca oleracea* L.

形态特征：一年生草本。茎平卧或斜倚，伏地铺散，多分枝，圆柱形，淡绿色或带暗红色。叶片扁平，肥厚，倒卵形，顶端圆钝或平截，基部楔形。花常 3 ～ 5 朵簇生枝端；花瓣黄色。蒴果卵球形，盖裂；种子细小，黑褐色。花期 5—8 月，果期 6—9 月。

产地和分布：我国各地。全球热带和温带地区。

生境：海滨沙地。

(259) 毛马齿苋 *Portulaca pilosa* L.

形态特征：铺散草本。叶片近圆柱状线形或钻状狭披针形，腋内有长疏柔毛，茎上部较密。花瓣红紫色。蒴果卵球形，盖裂；种子深褐黑色，有小瘤体。花果期 5—8 月。

产地和分布：福建、广东、广西、海南、台湾、云南。原产于美洲，归化于亚洲东南部和非洲。

生境：海滨沙地或开阔地。

(260) 四瓣马齿苋 *Portulaca quadrifida* L.

形态特征：匍匐草本。节上生根。叶片卵形、倒卵形或卵状椭圆形，顶端钝或急尖，向基部稍狭，腋间具开展的疏长柔毛。花小，单生枝端；花瓣黄色。蒴果球形，果皮膜质；种子黑色，近球形。花果期几全年。

产地和分布：广东、海南、台湾、云南。全球热带地区。

生境：海滨沙地、山坡草地和沟边。

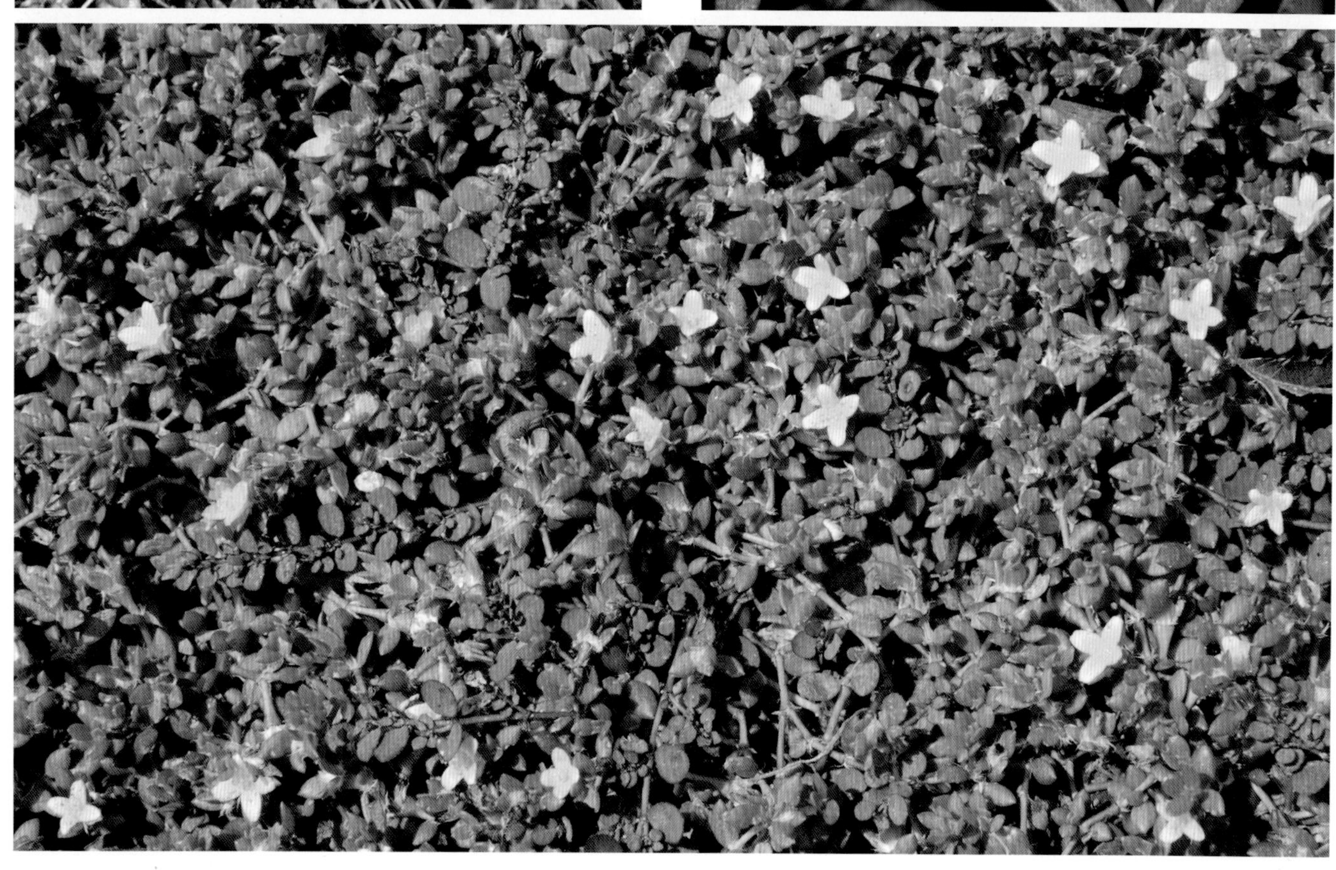

（261）沙生马齿苋 *Portulaca psammotropha* Hance

形态特征：铺散草本。叶片扁平，稍肉质，倒卵形或线状匙形，顶端钝，基部渐狭成短柄，叶腋有长柔毛。花黄色或淡黄色，单个顶生。蒴果宽卵形，扁压，下半部灰色，上部稻秆黄色；种子黑色，圆肾形。花果期夏季。

产地和分布：海南、台湾。

生境：海滨沙地、珊瑚沙地。

67. 仙人掌科 Cactaceae

（262）仙人掌 *Opuntia dillenii* (Ker Gawl.) Haw.

形态特征：丛生肉质灌木。茎节扁平。小窠中有刺多数，刺黄色，有钩毛。叶钻形，早落。花辐状；花托倒卵形，顶端截形并凹陷；萼状花被片绿色带黄边，瓣状花被片鲜黄色，开展。浆果倒卵球形，顶端凹陷，紫红色；种子多数，扁圆形，边缘稍不规则，淡黄褐色。花期6—12月。

产地和分布：广东、广西、海南。原产于加勒比海地区，现归化于全球热带地区。

生境：海滨疏林下、沙地。

68. 山茱萸科 Cornaceae

（263）土坛树 *Alangium salviifolium* (L. f.) Wangerin

形态特征：落叶乔木或灌木。叶倒卵状椭圆形或倒卵状矩圆形，顶端急尖而稍钝，基部阔楔形或近圆形。聚伞花序生于叶腋；花白色至黄色。核果近球形，成熟时红黑色，顶端有宿存的萼齿。花期 2—5 月，果期 3—7 月。

产地和分布：广东、广西、海南。亚洲南部至东南部，非洲。

生境：沿海疏林。

69. 玉蕊科 Lecythidaceae

（264）滨玉蕊 *Barringtonia asiatica* (L.) Kurz

形态特征：乔木。叶倒卵形或倒卵状矩圆形，顶端钝形或圆形，基部通常钝形。总状花序直立，顶生；花瓣白色。果实近圆锥形，四棱，外果皮薄，中果皮海绵质，内果皮富含纵向交织的纤维；种子矩圆形。花果期 6—10 月。

产地和分布：我国台湾地区。亚洲热带地区和非洲。

生境：海滨沙地或红树林中。

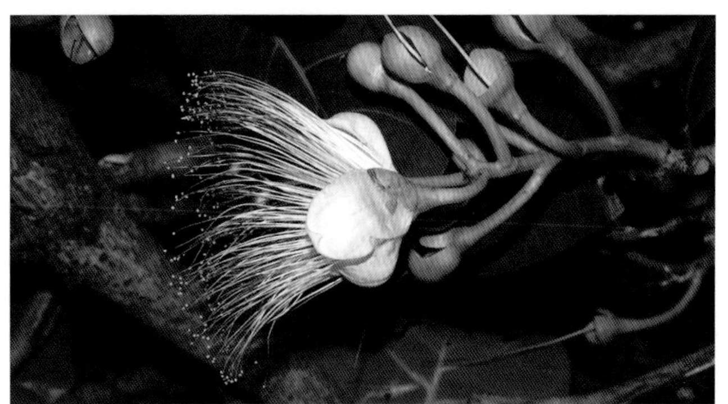

（265）玉蕊 *Barringtonia racemosa* (L.) Spreng.

形态特征：乔木。叶常丛生枝顶，倒卵形至倒卵状椭圆形，顶端短尖至渐尖，基部钝形，常微心形。总状花序顶生，下垂，长达 70cm 或更长；花瓣绿色或染有红色或黄色，长圆形。果实卵球形，微具 4 钝棱，果皮稍肉质，内含网状交织纤维束；种子卵形。花果期 6—10 月。

产地和分布：海南、台湾。亚洲热带地区和非洲。

生境：海滨河口或红树林中。

70. 山榄科 Sapotaceae

（266）山榄 *Planchonella obovata* (R. Br.) Pierre

形态特征：乔木或灌木。叶圆形、倒卵形、倒卵状长圆形、卵形或披针形，先端圆、钝、急尖或渐尖，基部狭或宽楔形。花雌性或两性，绿色或白色，数朵成簇腋生。果新鲜时白色、黄色、红色或天蓝色，倒卵形或球形；种子 1 ～ 5 颗，斜纺锤形。果期 10—12 月。

产地和分布：海南、台湾。日本，澳大利亚；亚洲南部至东南部。

生境：海岸灌丛。

71. 柿科 Ebenaceae

（267）光叶柿 *Diospyros diversilimba* Merr. & Chun

形态特征：灌木或乔木。叶长圆形或倒卵状长圆形，先端多数钝或渐尖而具钝尖头，基部浑圆、钝或浅心形。雌花生在当年生枝下部，腋生，单生。果球形，嫩时绿色，熟时黑色；种子扁，近长圆形，黑褐色。花期 4—5 月，果期 8—12 月。

产地和分布：广东、海南。

生境：沿海疏林和灌丛中。

(268) 象牙树 *Diospyros ferrea* (Willd.) Bakh.

形态特征：常绿小乔木。叶互生，革质，倒卵形，先端钝或微凹。花雌雄异株，雄花 1 ~ 3 朵，花冠白色或淡黄色，雄蕊 6 ~ 12 枚。雌花无梗或近无梗，花冠管状钟形，花柱短，顶端略3裂。果椭圆形，种子 1 颗，宿存萼杯状或钟状。

产地和分布：我国台湾南部地区恒春半岛、兰屿岛。

生境：海岸常绿阔叶林中。

72. 报春花科 Primulaceae

（269）蜡烛果 *Aegiceras corniculatum* (L.) Blanco

形态特征：灌木或小乔木。叶倒卵形、椭圆形或广倒卵形，顶端圆形或微凹，基部楔形。伞形花序，有花 10 余朵；花冠白色，钟形，花时反折。蒴果圆柱形，弯曲，顶端渐尖；宿存萼紧包基部。花果期 2—10 月。

产地和分布：福建、广东、广西、海南。澳大利亚；亚洲南部和东南部。

生境：红树林植物，生于海滨潮水涨落的污泥滩上。

（270）琉璃繁缕 *Anagallis arvensis* L.

形态特征：一年生或二年生草本。茎匍匐或上升。叶卵圆形至狭卵形，先端钝或稍锐尖，基部近圆形。花单生叶腋；花冠蓝色、浅蓝色或淡红色，裂片倒卵形。蒴果球形。花果期 3—7 月。

产地和分布：福建、广东、台湾、浙江。全球热带和亚热带地区。

生境：近海沙土或湿地。

（271）兰屿紫金牛 *Ardisia elliptica* Thunb.

形态特征：灌木。叶倒披针形或倒卵形，顶端钝或圆，基部楔形。伞房花序或总状花序，腋生于枝条近顶端的叶腋内；花粉红色。果扁球形，具腺点，熟时黑色。花期 2—4 月，果期 9—11 月。

产地和分布：我国台湾地区。亚洲热带地区。归化于全球热带地区。

生境：近海灌丛、疏林、海滨石缝中。

（272）滨海珍珠菜 *Lysimachia mauritiana* Lam.

形态特征：直立草本。叶匙形或倒卵形以至倒卵状长圆形，两面散生黑色粒状腺点。总状花序顶生，初时圆头状，后成圆锥形；花冠白色。蒴果梨形。花果期 4—8 月。

产地和分布：福建、广东、江苏、辽宁、山东、台湾、浙江。日本，朝鲜，菲律宾；印度洋和太平洋岛屿。

生境：海滨沙滩或峭壁石缝中。

（273）打铁树 *Myrsine linearis* (Lour.) Poir.

形态特征：灌木或小乔木。叶片倒卵形或倒披针形，顶端圆钝，密布腺点。花簇生成伞房花序花瓣白色或淡绿色。果球形。花期 12 月至翌年 1 月，果期 7—11 月。

产地和分布：广东、广西、贵州、海南。越南。

生境：海岸灌丛。

73. 山茶科 Theaceae

（274）米碎花 *Eurya chinensis* R. Br.

形态特征：灌木。嫩枝密被黄褐色短柔毛。叶倒卵形或倒卵状椭圆形，顶端钝而有微凹或略尖，基部楔形，边缘密生细锯齿。花 1 ～ 4 朵簇生于叶腋。花单性，雌雄异株。果实圆球形，成熟时紫黑色；种子肾形。花期 11—12 月，果期翌年 6—7 月。

产地和分布：福建、广东、广西、湖南、江西、台湾。

生境：海岸山坡灌丛。

（275）滨柃 *Eurya emarginata* (Thunb.) Makino

形态特征：灌木。嫩枝红棕色，密被黄褐色短柔毛。叶倒卵形或倒卵状披针形，顶端圆而有微凹，基部楔形，边缘有细微锯齿。花 1 ～ 2 朵生于叶腋。花单性，雌雄异株。果实圆球形，成熟时黑色。花期 10—11 月，果期翌年 6—8 月。

产地和分布：福建、台湾、浙江。日本，朝鲜。

生境：海滨山坡灌丛及海岸边石缝中。

74. 茜草科 Rubiaceae

（276）海岸桐 *Guettarda speciosa* L.

形态特征：乔木。叶阔倒卵形或广椭圆形，顶端急尖，钝或圆形，基部渐狭。聚伞花序，腋生，二叉分枝；花冠白色。核果幼时被毛，扁球形；种子小，弯曲。花期 4—7 月。

产地和分布：海南、台湾。澳大利亚，马达加斯加；亚洲南部至东南部，非洲，太平洋岛屿。

生境：海滨沙地的灌丛边缘。

（277）**双花耳草** *Hedyotis biflora* (L.) Lam.

形态特征：草本。叶长圆形或椭圆状卵形。花序近顶生或生于上部叶腋，有花 3 ～ 8 朵，有时排成圆锥花序状；花冠白色。蒴果陀螺形，有纵棱；种子多数，干时黑色，有窝孔。花期几全年。

产地和分布：福建、广东、广西、海南、江苏、台湾、云南。印度，印度尼西亚，马来西亚，尼泊尔，越南；太平洋岛屿。

生境：海滨湿润沙地或石灰岩地区。

（278）肉叶耳草 *Hedyotis strigulosa* (Bartl. ex DC.) Fosberg

形态特征：肉质草本。多分枝，近丛生状。叶肉质，长圆状倒卵形或长圆形，顶端短尖，基部渐狭而下延。聚伞花序或有时排成短圆锥花序式；花白色。蒴果扁陀螺形，顶部开裂；种子多数，近球形，黑褐色。花果期5—10月。

产地和分布：福建、广东、台湾、浙江。日本，朝鲜。

生境：海滨的礁石缝、石壁或滩涂沙地上。

(279) 单花耳草 *Hedyotis taiwanensis* S. F. Huang et J. Murata

形态特征：草本。叶卵形。花单生于枝上部的叶腋，花梗在果期延长；花冠白色。果扁椭球形，成熟时顶部室背开裂；种子黑褐色，具棱和小窝孔。花期4—10月。

产地和分布：我国台湾地区。

生境：海滨沙地或岩石缝中。

(280) 海滨木巴戟 *Morinda citrifolia* L.

形态特征：灌木至小乔木。叶椭圆形或卵形。头状花序；花多数；萼管彼此间多少黏合；花冠白色。聚花核果浆果状；种子多数，黑色。花果期全年。

产地和分布：广东、海南、台湾。澳大利亚；亚洲热带地区；引种至美洲热带地区和太平洋岛屿。

生境：海岸林和珊瑚礁石上，为半红树植物。

（281）鸡眼藤 *Morinda parvifolia* Bartl. ex DC.

形态特征：藤本。嫩枝密被毛。叶倒卵形、倒披针形或近披针形。头状花序伞状排列于枝顶；花冠白色。聚花核果近球形，熟时橙红至橘红色；核果具分核 2 ～ 4。花期 4—6 月，果期 7—8 月。

产地和分布：福建、广东、广西、海南、江西、台湾。菲律宾，越南。

生境：海滨灌丛和丘陵坡地。

(282) 松叶耳草 *Scleromitrion pinifolia* (Wall. ex G. Don) R. J. Wang

形态特征：一年生披散草本。叶线形。团伞花序有花 3 ～ 10 朵，顶生和腋生，无总花梗；花冠管状，白色。蒴果近卵形，中部以上被疏硬毛，成熟时仅顶部开裂；种子每室数颗，具棱，干后浅褐色。花期 5—8 月。

产地和分布：福建、广东、广西、海南、台湾、云南。亚洲南部至东南部。

生境：丘陵旷地或海滨沙荒地上。

(283) **瓶花木** *Scyphiphora hydrophyllacea* C. F. Gaertn.

形态特征：灌木或小乔木。叶倒卵圆形或阔椭圆形，顶端圆形，基部楔形。花序腋生；花白色或淡黄色。核果，有纵棱 6～8 条，顶部冠以宿存的萼檐。花果期 7—12 月。

产地和分布：海南。菲律宾，泰国，越南，澳大利亚，马达加斯加；太平洋岛屿。

生境：红树林植物。

75. 龙胆科 Gentianaceae

(284) 日本百金花 *Centaurium japonicum* (Maxim.) Druce

形态特征：直立草本。基部叶具短柄，匙形；茎生叶无柄，卵形至椭圆形，先端钝圆，向茎上部叶渐小，半抱茎。花多数，无梗，单生叶腋和小枝顶端，呈穗状聚伞花序；花冠粉红色，高脚杯状。蒴果，花柱宿存；种子黑褐色，圆球形。花果期 5—7 月。

产地和分布：我国台湾地区。日本。

生境：海滨礁石上。

76. 夹竹桃科 Apocynaceae

（285）牛角瓜 *Calotropis gigantea* (L.) W. T. Aiton

形态特征：灌木，全株具乳汁。茎黄白色，枝粗壮，幼枝、叶片、花序梗和花梗被灰白色绒毛。叶倒卵状长圆形或椭圆状长圆形，顶端急尖，基部心形。聚伞花序伞形状；花冠紫蓝色。蓇葖单生，膨胀；种子广卵形，顶端具白色绢质种毛。花果期几乎全年。

产地和分布：广东、广西、海南、四川、云南。亚洲南部至东南部，非洲热带地区。

生境：海滨沙滩。

（286）海杧果 *Cerbera manghas* L.

形态特征：乔木。叶倒卵状长圆形或倒卵状披针形，顶端钝或短渐尖，基部楔形。花冠白色，倒卵状镰刀形，顶端具短尖头，水平张开。核果双生或单个，阔卵形或球形，顶端钝或急尖，外果皮纤维质或木质；种子通常1颗。花期3—10月，果期7—12月。

产地和分布：广东、广西、海南、台湾。日本，澳大利亚；亚洲东南部，太平洋岛屿。

生境：海滨湿润地方。

(287) 海南杯冠藤 *Cynanchum insulanum* (Hance) Hemsl.

形态特征：草质藤本。叶长圆状戟形至三角状披针形。伞形聚伞花序，腋生；花冠绿白色，裂片长圆形；副花冠杯状。蓇葖单生，长披针形；种子长圆形，种毛白色绢质。花期 5—10 月，果期 10—12 月。

产地和分布：广东、广西、海南。

生境：海滨沙地灌丛。

（288）海岛藤 *Gymnanthera oblonga* (Burm. f.) P. S. Green

形态特征：木质藤本。叶长圆形，顶端钝，具小尖头，基部圆或广楔形。聚伞花序，腋生，着花多至7朵；花冠高脚碟状，黄绿色。蓇葖果叉生，长披针形；种子长圆形，棕色，具白色绢质种毛。花期6—9月，果期冬季至翌年春季。

产地和分布：广东、海南。澳大利亚；亚洲东南部。

生境：红树林中或海滨灌丛。

(289) 崖县球兰 *Hoya liangii* Tsiang

形态特征：攀缘灌木。叶肉质，倒卵形或倒卵状长圆形。聚伞花序，腋生；花冠乳白色至粉红色；副花冠裂片星状展开，外角圆形，内角锐尖。蓇葖果圆筒形；种子长圆形，有种毛。花期6—11月，果期翌年3—4月。

产地和分布：海南。

生境：海岸疏林和红树林缘。

(290) 三脉球兰 *Hoya pottsii* J. Traill

形态特征：附生攀缘灌木。叶肉质，卵圆形至卵圆状长圆形。聚伞花序，腋生；花冠白色，心红色。蓇葖线状长圆形；种子线状长圆形，有种毛。花期4—5月，果期8—10月。

产地和分布：广东、广西、海南、台湾、云南。

生境：附生于海岸疏林、红树林植物上。

（291）海南同心结 *Parsonsia alboflavescens* (Dennst.) Mabb.

形态特征：木质藤本。叶卵圆形或卵圆状长圆形，顶端具短尖头，基部楔形、圆形或浅心形。聚伞花序伞房状，腋生；花冠白绿色。蓇突果线状披针形；种子长圆形，种毛白色绢质。花期4—10月，果期9—12月。

产地和分布：福建、海南、广东、台湾。亚洲南部至东南部。

生境：海岸沙滩礁石和岸边灌丛中。

（292）肉珊瑚 *Sarcostemma acidum* (Roxb.) Voigt

形态特征：无叶藤本。绕生在树上，具乳汁；枝绿色或草绿色，无毛，生花的节略粗壮。聚伞花序伞形状，顶生及腋生，无总花梗；花冠白色或淡黄色。蓇葖披针状圆柱形；种子阔卵形，顶端具白色绢质种毛。花期 3—11 月，果期冬季至翌年春季。

产地和分布：广东、广西、海南。印度，缅甸，尼泊尔，泰国，越南。

生境：海滨灌木丛或平地林中，为热带红树林和海岸林确限种。

（293）鲫鱼藤 *Secamone lanceolata* Blume

形态特征：藤状灌木。叶椭圆形，顶端尾状渐尖，基部楔形。聚伞花序，腋生；花冠黄色。蓇葖果披针形，基部膨大；种子褐色，具白色绢质种毛。花期7—8月，果期10月至翌年1月。

产地和分布：广东、广西、海南、台湾、云南。柬埔寨，印度尼西亚，马来西亚，越南。

生境：海岸疏林和海滨荒地常见。

（294）羊角拗 *Strophanthus divaricatus* (Lour.) Hook. & Arn.

形态特征：灌木。小枝密被灰白色圆形的皮孔。叶椭圆状长圆形或椭圆形，顶端短渐尖或急尖，基部楔形。聚伞花序顶生；花冠漏斗状，花冠筒淡黄色，花冠裂片黄色，顶端延长成一长尾带状。蓇葖果；种子纺锤形。花期 3—7 月，果期 6 月至翌年 2 月。

产地和分布：福建、广东、广西、贵州、海南、云南。老挝，越南。

生境：海滨沙地和灌丛中。

(295) 弓果藤 *Toxocarpus wightianus* Hook. & Arn.

形态特征：攀缘灌木。小枝被毛。叶椭圆形或椭圆状长圆形，顶端具锐尖头，基部微耳形。两歧聚伞花序，腋生；花冠淡黄色；副花冠顶高出花药。蓇葖叉开；种子具种毛。花期6—8月，果期10—12月。

产地和分布：广东、广西、贵州、海南、云南。印度，越南。

生境：海岸灌丛。

（296）娃儿藤 *Tylophora ovata* (Lindl.) Hook. ex Steud.

形态特征：木质藤本。茎、叶柄、叶的两面、花序梗、花梗及花萼外面均被锈黄色柔毛。叶卵形，顶端急尖，具细尖头，基部浅心形。聚伞花序伞房状，丛生于叶腋；花淡黄色或黄绿色。蓇葖双生，圆柱状披针形；种子卵形，具白色绢质种毛。花期 4—8 月，果期 8—12 月。

产地和分布：福建、广东、广西、贵州、海南、湖南、四川、台湾、云南。印度，缅甸，尼泊尔，巴基斯坦，越南。

生境：海岸灌丛。

(297) 倒吊笔 *Wrightia pubescens* R. Br.

形态特征：乔木。叶对生，每小枝有叶片 3 ～ 6 对，叶坚纸质，长圆状披针形至卵状长圆形，叶背密被柔毛。聚伞花序近顶生，花冠漏斗状，白色、浅黄色或粉红色，副花冠分裂为 10 鳞片，呈流苏状。蓇突果 2 个粘生，线状披针形。种子线状纺锤形。花期 4—8 月，果期 8 月至翌年 2 月。

产地和分布：贵州、云南、广东、广西、海南。

生境：低海拔热带雨林和干燥稀树林中。亦见于海岸灌丛及海滨石滩边。

77. 紫草科 Boraginaceae

（298）基及树 *Carmona microphylla* (Lam.) G. Don

形态特征：灌木。叶倒卵形或匙形，先端圆形或截形、具粗圆齿，基部渐狭为短柄。团伞花序开展；花冠白色，或稍带红色。核果，内果皮圆球形，具网纹，先端有短喙。花果期 4—10 月。

产地和分布：广东、海南、台湾。

生境：海岸灌丛。

（299）双柱紫草 *Coldenia procumbens* L.

形态特征：半灌木状平卧草本，密生开展的糙伏毛。叶长圆形或倒卵形，两边不对称，边缘具粗圆齿或小裂片，上下面均粗糙。花单生腋外；花冠白色。果实宽三角形，被腺毛及短柔毛，成熟时分裂为4小坚果；小坚果具皱纹及刺状瘤突。花期4月，果实6月成熟。

产地和分布：海南、台湾。澳大利亚；亚洲南部至东南部，非洲，美洲。

生境：海滨沙地。

（300）橙花破布木 *Cordia subcordata* Lam.

形态特征：小乔木，树皮黄褐色。叶卵形或狭卵形，先端尖或急尖，基部钝或近圆形。聚伞花序与叶对生；花冠橙红色，漏斗形，具圆而平展的裂片。坚果卵球形或倒卵球形，具木栓质的中果皮，被增大的宿存花萼完全包围。花果期 5—12 月。

产地和分布：海南。印度，印度尼西亚，泰国，越南；非洲，太平洋岛屿。

生境：海滨沙地疏林。

（301）大苞天芥菜 *Heliotropium marifolium* Retz.

形态特征：亚灌木。分枝披散或平铺。叶幼时对生，后全部互生，狭长圆形或披针形，两面被贴伏硬毛。聚伞花序顶生，花多数，紧密生于苞腋内。花冠白色，筒状，子房圆球形，花柱极短。核果球形，熟时 4 裂为具单个种子的分核。花果期 6 月。

产地和分布：广东、海南。

生境：海滨沙地或干旱沙质土壤上。

（302）银毛树 *Tournefortia argentea* L. f.

形态特征：小乔木或灌木，密生锈色或白色柔毛。叶倒披针形或倒卵形，先端钝或圆，自中部以下渐狭为叶柄，上下两面密生丝状黄白色毛。镰状聚伞花序顶生，呈伞房状排列，密生锈色短柔毛；花冠白色。核果近球形。花果期 4—6 月。

产地和分布：海南、台湾。印度尼西亚，日本，菲律宾，斯里兰卡，越南；太平洋岛屿。

生境：海滨沙地或火山岩石上。

（303）**台湾紫丹** *Tournefortia sarmentosa* Lam.

形态特征：攀缘灌木。叶卵形、椭圆形或披针形，先端渐尖，基部钝或圆。聚伞花序生于枝顶；花冠白色。核果白色，成熟时分裂为 4 个具单种子的分核。花果期 8—11 月。

产地和分布：我国台湾地区。印度尼西亚，菲律宾，澳大利亚。

生境：海岸灌丛。

78. 旋花科 Convolvulaceae

（304）肾叶打碗花 *Calystegia soldanella* (L.) R. Br.

形态特征：草本。叶肾形，顶端圆或凹，具小短尖头；叶柄长于叶片，或从沙土中伸出很长。花腋生，单生；花冠淡红色，钟状。蒴果卵球形；种子黑色，表面无毛或疣点。花果期 5—9 月。

产地和分布：福建、河北、江苏、辽宁、山东、台湾、浙江。日本，朝鲜，俄罗斯（远东），澳大利亚；非洲，欧洲，美洲，太平洋岛屿。

生境：海滨沙地。

（305）南方菟丝子 *Cuscuta australis* R. Br.

形态特征：寄生草本。茎缠绕，金黄色，无叶。花序侧生，少花或多花簇生成小伞形或小团伞花序，总花序梗近无；花冠乳白色或淡黄色，杯状。蒴果扁球形，下半部为宿存的花冠所包围；种子通常 4 颗，淡褐色，卵形，表面粗糙。花果期夏季。

产地和分布：我国各地。澳大利亚；亚洲，欧洲。

生境：海滨沙丘的草丛中，寄生于豆科、菊科、蒺藜科等多种植物上。

（306）原野菟丝子 *Cuscuta campestris* Yunck.

形态特征：寄生缠绕藤本。茎光滑，无叶，初为黄绿色，后转为黄色至橙色。花序侧生，4～18朵花密集成球状花序，总花梗近无；花冠白色。蒴果扁球形，下半部为宿存花冠包裹，成熟时不规则开裂；种子卵形，黄褐色。花果期5—10月。

产地和分布：我国西北部、西南部及东部沿海地区。原产于美洲。归化于澳大利亚；亚洲，非洲，欧洲，太平洋岛屿。

生境：海岸草地、灌丛和疏林林冠层上。

(307) 圆叶土丁桂 *Evolvulus alsinoides* (L.) L. var. *rotundifolius* Hayata ex Ooststr.

形态特征：平卧草本。叶卵状心形或圆形，先端钝，具小短尖头，基部近心形或圆形，两面极密被黄褐色长柔毛。花单一或数朵组成聚伞花序；花冠蓝色或白色。蒴果球形，瓣裂；种子黑色，平滑。花期5—9月。

产地和分布：我国台湾地区。日本，菲律宾。

生境：海滨沙地、石上或海岸草地上。

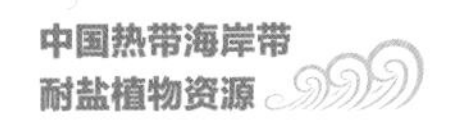

（308）假厚藤 *Ipomoea imperati* (Vahl) Griseb.

形态特征：蔓生草本。叶常长圆形，也有线形、披针形、卵形，顶端有时钝或微凹以至 2 裂，基部截形至浅心形，全缘或波状。聚伞花序，腋生，1 ～ 3 朵花；花冠白色，漏斗状。蒴果近球形；种子被短绒毛，棱上有长毛。花果期 3—10 月。

产地和分布：福建、广东、广西、海南、台湾。亚洲南部至东南部，泛热带分布。

生境：海滨沙地。

(309) 南沙薯藤 *Ipomoea littoralis* Blume

形态特征：茎平卧并生根；叶卵状心形，卵形或长圆形，边缘全缘或稍波状至有锐角，或深3裂，顶端锐尖，钝或微凹，具小短尖头，基部心形。花序腋生；花冠淡红色或淡红紫色，漏斗状。蒴果扁球形；种子无毛，黑色。花期3月。

产地和分布：海南、台湾。澳大利亚；亚洲南部至东南部，非洲，太平洋岛屿。

生境：海滨沙地。

(310) 小心叶薯 *Ipomoea obscura* (L.) Ker Gawl.

形态特征：缠绕草本。茎纤细，有细棱，近无毛。叶心状圆形或心状卵形，顶端具小尖头，基部心形。聚伞花序腋生，有1～3朵花；萼片近等长，果熟时常反折；花冠漏斗状，白色或淡黄色，具5条深色的瓣中带，花冠管基部深紫色。蒴果圆锥状卵形或近于球形，4瓣裂。种子4颗，黑褐色，密被灰褐色短绒毛。

分布：台湾、广东及沿海岛屿、云南。

生境：海滨疏林、灌丛。

（311）厚藤 *Ipomoea pes-caprae* (L.) R. Br.

形态特征：藤本。叶卵形、椭圆形、圆形、肾形或长圆形，顶端微缺或 2 裂，基部阔楔形、截平至浅心形。多歧聚伞花序，腋生；花冠紫色或深红色，漏斗状。蒴果球形，4 瓣裂；种子三棱状圆形，密被褐色绒毛。花果期几全年。

产地和分布：福建、广东、广西、台湾、浙江。全球泛热带地区。

生境：海滨沙地。

（312）虎掌藤 *Ipomoea pes-tigridis* L.

形态特征：缠绕草本。茎被开展的灰白色硬毛。叶片近圆形或横向椭圆形，掌状 5 ～ 7 深裂，裂片椭圆形或长椭圆形，顶端钝圆、锐尖至渐尖，有小短尖头，基部收缢，两面被疏长微硬毛。聚伞花序有数朵花，密集成头状；花冠白色，漏斗状。蒴果卵球形；种子表面被灰白色短绒毛。花果期 8—12 月。

产地和分布：广东、广西、海南、台湾、云南。澳大利亚；亚洲东南部，非洲，太平洋岛屿。

生境：海滨或近海沙地。

（313）羽叶薯 *Ipomoea polymorpha* Roem. & Schult.

形态特征：一年生草本。幼枝密被白色疏柔毛。叶3深裂，中裂片线状披针形，侧裂片宽线形，沿脉被疏柔毛及有缘毛。花单生叶腋；花冠紫红色，内面色较深，偶有白色。蒴果球形；种子被灰褐色短绒毛。花果期4—6月。

产地和分布：海南、台湾。澳大利亚；亚洲南部至东南部，非洲。

生境：海滨沙地或沙滩草地。

（314）管花薯 *Ipomoea violacea* L.

形态特征：木质藤本。茎有纵皱纹或小瘤体。叶圆形或卵形，顶端短渐尖，具小短尖头，基部深心形。聚伞花序，腋生，有1至数朵花；花冠高脚碟状，白色，具绿色的瓣中带。蒴果卵形，瓣裂；种子黑色，密被短茸毛。花果期9—12月。

产地和分布：广东、海南、台湾。全球泛热带地区。

生境：海滨沙地灌丛中。

（315）盒果藤 *Operculina turpethum* (L.) Silva Manso

形态特征：缠绕草本。茎圆柱状，具3～5翅。叶心状圆形、卵形、宽卵形、卵状披针形或披针形，全缘或浅裂。聚伞花序生于叶腋，通常有2朵花；花冠白色或粉红色、紫色，宽漏斗状。蒴果扁球形；种子卵圆状三棱形，黑色。花果期几乎全年。

产地和分布：广东、广西、海南、台湾、云南。澳大利亚；亚洲南部至东南部，非洲。归化于美洲和太平洋岛屿。

生境：海滨沙地或海岸灌丛。

79. 茄科 Solanaceae

(316) 枸杞 *Lycium chinense* Mill.

形态特征：灌木。枝条有棘刺。叶片卵形、卵状菱形、长椭圆形、卵状披针形，顶端急尖，基部楔形。花单生或双生于叶腋，或同叶簇生；花冠淡紫色。浆果红色，卵状；种子扁肾脏形，黄色。花果期6—11月。

产地和分布：我国大部分地区。日本，朝鲜，尼泊尔，巴基斯坦；欧洲。

生境：海滨荒地或湿地。

(317) 灯笼果 *Physalis peruviana* L.

形态特征：直立草本。枝、叶片、花梗、花萼密生短柔毛。叶阔卵形或心脏形，顶端短渐尖，基部对称心脏形。花单独腋生；花冠阔钟状，黄色而喉部有紫色斑纹。果萼卵球状，被柔毛；浆果成熟时黄色；种子黄色，圆盘状。花果期夏、秋季。

产地和分布：广东、台湾、云南。原产于南美洲，现归化于全球。

生境：海岸礁石处。

(318) 海南茄 *Solanum procumbens* Lour.

形态特征：灌木。嫩枝、叶下面、叶柄及花序柄均被星状短绒毛及小钩刺。叶卵形至长圆形，先端钝，基部楔形或圆形不相等。蝎尾状花序顶生或腋外生；花冠淡红色。浆果球形；种子淡黄色，近肾形，扁平。花期4—9月，果期9—12月。

产地和分布：广东、广西、海南。老挝，越南。

生境：海岸疏林。

80. 木樨科 Oleaceae

(319) 白皮素馨 *Jasminum rehderianum* Kobuski

形态特征：攀缘灌木。叶片椭圆形、卵形或狭卵形，先端锐尖或钝而具短尖头，基部圆形或楔形。花单生于枝端或叶腋；花冠白色或黄白色，高脚碟状。果通常由两心皮发育而成双生，成熟时近球形或椭圆形。花期 8—9 月，果期 9 月至翌年 3 月。

产地和分布：海南。

生境：海岸灌丛。

81. 车前科 Plantaginaceae

（320）假马齿苋 *Bacopa monnieri* (L.) Wettst.

形态特征：匍匐草本。节上生根，多少肉质。叶矩圆状倒披针形，顶端圆钝。花单生叶腋；花冠蓝色，紫色或白色，不明显 2 唇形，上唇 2 裂。蒴果长卵状，顶端急尖，包在宿存的花萼内；种子椭球状，表面具纵条棱。花果期 5—10 月。

产地和分布：福建、广东、广西、海南、台湾、云南。全球热带和亚热带地区。

生境：沙滩湿地或红树林附近。

82. 玄参科 Scrophulariaceae

（321）苦槛蓝 *Pentacoelium bontioides* Siebold & Zucc.

形态特征：常绿灌木。叶片狭椭圆形、椭圆形至倒披针状椭圆形，先端急尖或短渐尖，常具小尖头。聚伞花序，腋生，具 2 ～ 4 朵花，或仅具 1 花；花冠漏斗状钟形，白色，有紫色斑点。核果卵球形，熟时紫红色；种子 5 ～ 8 颗。花期 4—6 月，果期 5—7 月。

产地和分布：福建、广东、广西、海南、台湾、浙江。日本，越南。

生境：海滨岸边。

83. 爵床科 Acanthaceae

（322）小花老鼠簕 *Acanthus ebracteatus* Vahl

形态特征：直立灌木。托叶刺状；叶片长圆形或倒卵状长圆形，先端平截或稍圆凸，基部楔形，边缘3～4不规则羽状浅裂，裂片顶端突出为尖锐硬刺。穗状花序顶生；小苞片缺失；花冠白色，上唇退化，下唇长圆形。蒴果椭圆形；种子4颗。花期4—5月，果期8—9月。

产地和分布：广东、海南。澳大利亚；亚洲东南部，太平洋岛屿。

生境：海滨红树林沼泽中或河口泥滩开阔处。

（323）老鼠簕 *Acanthus ilicifolius* L.

形态特征：直立灌木。托叶成刺状；叶片长圆形至长圆状披针形，先端急尖，基部楔形，边缘 4 ～ 5 羽状浅裂，自裂片顶端突出为尖锐硬刺。穗状花序顶生；苞片对生，宽卵形；小苞片卵形；花冠白色，上唇退化，下唇倒卵形。蒴果椭圆形；种子扁平，圆肾形，淡黄色。花期 2—3 月，果期 8—9 月。

产地和分布：福建、广东、广西、海南。澳大利亚；亚洲南部至东南部，太平洋岛屿。

生境：海滩红树林或河口沼泽地。

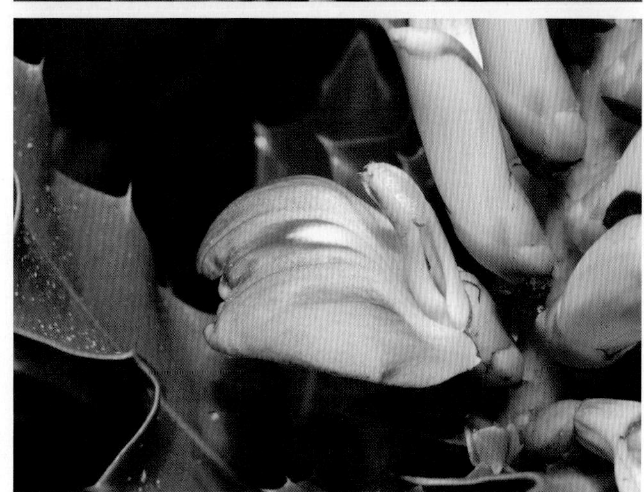

(324) 海榄雌 *Avicennia marina* (Forssk.) Vierh.

形态特征：灌木。叶片卵形至倒卵形、椭圆形，顶端钝圆，基部楔形。聚伞花序紧密成头状；花小；花冠黄褐色，顶端4裂，外被绒毛。果近球形，压扁，有毛。花果期7—10月。

产地和分布：福建、广东、海南、台湾。澳大利亚；亚洲南部至东南部，非洲。

生境：海岸红树林植物。

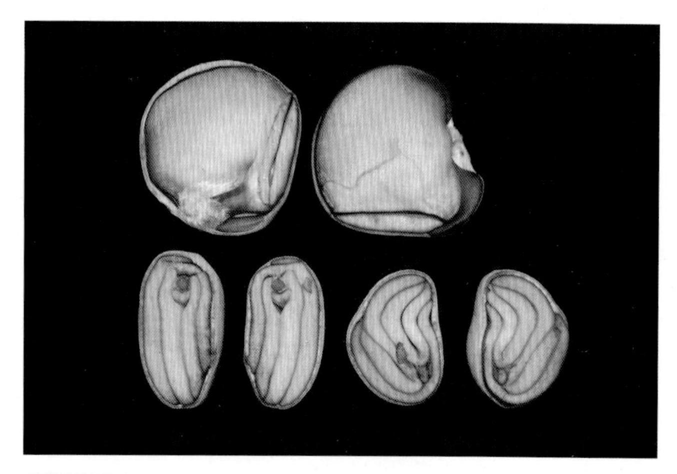

（325）早田氏爵床 *Justicia hayatae* Yamam.

形态特征：一年生草本。茎密被长硬毛。叶卵形或近圆形，顶端钝，基部圆或宽楔形，两面密被长硬毛。穗状花序；苞片被长纤毛，背面密被长硬毛；花冠堇色。蒴果顶端稍被微柔毛。花果期 5—8 月。

产地和分布：我国香港、台湾地区。

生境：海滨沙滩或石缝中。

84. 紫葳科 Bignoniaceae

(326) 海滨猫尾木 *Dolichandrone spathacea* (L. f.) Seem.

形态特征：乔木。奇数羽状复叶，小叶卵形至卵状披针形。总状花序具 2 ~ 8 朵花，花萼筒状，尖端外面具紫色腺体；花冠初时绿色，开放后白色，冠筒上部外面有腺体。蒴果筒状而稍扁，下垂；种子多数，具木栓质的翅，长方形。花期 6—7 月，果期 8—9 月。

产地和分布：广东、海南。印度，印度尼西亚，菲律宾；太平洋岛屿。

生境：海岸内滩和河口地区。

85. 马鞭草科 Verbenaceae

（327）过江藤 *Phyla nodiflora* (L.) Greene

形态特征：多年生草本。有木质宿根，全体有紧贴丁字状短毛。叶匙形、倒卵形至倒披针形，顶端钝或近圆形，基部狭楔形，中部以上的边缘有锐锯齿；穗状花序；花冠白色、粉红色至紫红色。果淡黄色，内藏于膜质的花萼内。花果期 6—10 月。

产地和分布：我国中部、东部和南部。全球热带和亚热带地区。

生境：海滨沙地和山坡湿处及红树林缘常见。

86. 唇形科 Lamiaceae

(328) 兰香草 *Caryopteris incana* (Thunb. ex Houtt.) Miq.

形态特征：小灌木。嫩枝被灰白色柔毛。叶片披针形、卵形或长圆形，顶端渐尖或钝。聚伞花序紧密，腋生和顶生；花冠淡紫色或淡蓝色，二唇形，外面具短柔毛。蒴果倒卵状球形，被粗毛，果瓣有宽翅。花果期6—10月。

产地和分布：原产于秦岭以南各省区。日本，朝鲜。

生境：近海滨沙丘上或岩石上。

(329) 苦郎树 *Clerodendrum inerme* (L.) Gaertn.

形态特征：灌木。叶卵形、椭圆形或椭圆状披针形、卵状披针形。聚伞花序通常由 3 ～ 9 朵花组成；花冠白色；花丝紫红色，与花柱同伸出花冠。核果倒卵形，内有 4 分核，外果皮黄灰色，花萼宿存。花果期 3—12 月。

产地和分布：福建、广东、广西、海南、台湾。亚洲南部和东南部，太平洋岛屿。

生境：海滨沙滩和潮汐能至的地方，半红树植物。

(330) 小五彩苏 *Coleus scutellarioides* (L.) Benth. var. *crispipilus* (Merr.) H. Keng

形态特征：直立或上升草本。叶卵形至宽卵形，叶缘具圆齿状锯齿或圆齿。顶生轮伞花序；花管紫红色，外被微柔毛，冠筒漏斗状，二唇，上唇短，下唇延长，上唇3裂。小坚果宽卵圆形或椭圆形。花果期5—8月。

产地和分布：福建、广东、广西、台湾。菲律宾。

生境：海滨珊瑚礁岩上和海滨草地上。

（331）滨海白绒草 *Leucas chinensis* (Retz.) R. Br.

形态特征：灌木。茎、叶、苞片、萼筒密生白色绢绒毛。叶卵圆形，先端钝，基部宽楔形、圆形或近心形，边缘具圆齿状锯齿。轮伞花序，腋生，具3～8花，圆球形；花冠白色，冠筒细长，上唇盔状，外被白色长柔毛，下唇3裂。花期8—12月，果期9月至翌年2月。

产地和分布：海南、台湾。

生境：海滨陡坡或海岸湿处。

(332) 绉面草 *Leucas zeylanica* (L.) R. Br.

形态特征：直立草本。叶片长圆状披针形，沿脉密布淡黄色腺点。轮伞花序，腋生，小圆球状。花冠多为白色，冠檐二唇形，上唇盔状，外密被白色长柔毛，下唇较上唇长1倍，极开张而平伸。小坚果椭球状近三棱形。花果期全年。

产地和分布：广东、广西、海南。亚洲南部至东南部。

生境：海滨沙地。

(333) **伞序臭黄荆** *Premna serratifolia* L.

形态特征：直立灌木至乔木。叶片长圆形至广卵形，全缘或微呈波状，或仅上部疏生不明显的钝齿。聚伞花序在枝顶端组成伞房状；花冠黄绿色，外面疏具腺点，微呈二唇形。核果圆球形。花果期4—10月。

产地和分布：广东、广西、台湾。澳大利亚；亚洲南部至东南部，太平洋岛屿。

生境：海岸疏林或海岸砾石滩涂。

(334) 单叶蔓荆 *Vitex rotundifolia* L. f.

形态特征：藤状灌木。茎匍匐，节处常生不定根。单叶对生，叶片倒卵形或近圆形，顶端通常钝圆或有短尖头，基部楔形。花序顶生聚伞圆锥花序；花冠淡紫色至蓝紫色。果球状。花期7—9月，果期9—11月。

产地和分布：安徽、福建、广东、广西、河北、江苏、江西、辽宁、山东、台湾、浙江。日本；亚洲东南部，太平洋岛屿。

生境：海滨沙地或砾石地。

（335）蔓荆 *Vitex trifolia* L.

形态特征：灌木。通常三出复叶；小叶片卵形、倒卵形或倒卵状长圆形。圆锥花序顶生，花序梗密被灰白色绒毛；花冠淡紫色或蓝紫色。核果近球形，成熟时黑色；果萼宿存，外被灰白色绒毛。花期 7 月，果期 9—11 月。

产地和分布：福建、广东、广西、台湾、云南。澳大利亚；亚洲东南部，太平洋岛屿。

生境：海滨河滩或坡地上常见。

87. 草海桐科 Goodeniaceae

(336) 离根香 *Goodenia pilosa* subsp. *chinensis* (Benth.) D. G. Howarth & D. Y. Hong

形态特征：一年生直立草本。基生叶多，叶长椭圆形至条状长椭圆形，边缘疏生三角状锯齿。花单生叶腋，花冠外紫色，内面黄色。蒴果卵球形。种子卵状。花果期 11 月至翌年 3 月。

产地和分布：福建、广东、广西、海南。

生境：干旱山坡草地、稻田边或海岸灌丛下。

(337) 小草海桐 *Scaevola hainanensis* Hance

形态特征：灌木。叶螺旋状着生，在枝顶较密集，有时侧枝不发育而极端缩短，使叶簇生；叶肉质，条状匙形。花单生于叶腋；花冠淡蓝色，筒内面密生长毛。核果卵球状，成熟时黑色。花果期 3—12 月。

产地和分布：福建、广东、海南、台湾。越南。

生境：海滨草丛边或红树林内。

（338）草海桐 *Scaevola taccada* (Gaertn.) Roxb.

形态特征：灌木或小乔木。叶大部分集生枝顶，匙形至倒卵形。聚伞花序，腋生；花冠白色或淡黄色。核果卵球状，白色而无毛或有柔毛，有两条径向沟槽。花果期 4—12 月。

产地和分布：福建、广东、广西、海南。澳大利亚，马达加斯加；亚洲热带地区，非洲，印度洋和太平洋岛屿。

生境：海滨砾石、山坡或沙地。

88. 菊科 Asteraceae

（339）茵陈蒿 *Artemisia capillaris* Thunb.

形态特征：半灌木状草本。营养枝有密集叶丛，基生叶密集着生，常成莲座状；叶二至三回羽状全裂。头状花序常卵球形；花冠狭管状或狭圆锥状，淡黄色。瘦果长圆形或长卵形。花期9—10月，果期11—12月。

产地和分布：全国大部分地区。亚洲。

生境：海岸山坡或沙丘。

(340) 雷琼牡蒿 *Artemisia hancei* (Pamp.) Ling & Y. R. Ling

形态特征：半灌木状草本。叶初时两面被灰黄色或灰白色绢质短柔毛；基生叶密集着生；茎下部叶与中部叶卵形、倒卵形、倒卵状匙形或匙形，一至二回羽状深裂或近全裂；上部叶与苞片叶一至二回羽状全裂。头状花序多数，近球形。瘦果倒卵形或长球形。花果期 9—11 月。

产地和分布：广东、海南。越南。

生境：海滨沙地。

（341）白花鬼针草 *Bidens pilosa* L.

形态特征：一年生草本。茎下部叶为一回羽状复叶，小叶长3枚，茎上部常为单叶，不分裂。头状花序顶生，排成疏伞房花序，舌状花5～7枚，白色，中央管状花黄色。瘦果条形，黑色，顶端芒刺3～4枚。花果期全年。

产地和分布：我国南北各省区。原产于美洲。

生境：村边、路旁、荒地上。

(342) 野菊 *Chrysanthemum indicum* L.

形态特征：多年生草本。茎枝被稀疏的毛。中部茎叶卵形、长卵形或椭圆状卵形，羽状半裂、浅裂或分裂不明显而边缘有浅锯齿；基部截形或稍心形或宽楔形。头状花序多数在茎枝顶端排成疏松的伞房圆锥花序或少数在茎顶排成伞房花序；舌状花黄色，顶端全缘或 2 ～ 3 齿。花果期 6—11 月。

产地和分布：我国中部、东部和南部。亚洲南部和东部。

生境：山坡草地、灌丛、河边湿地及滨海盐渍地。

(343) 蓟 *Cirsium japonicum* DC.

形态特征：多年生草本。具纺锤状肉质根。基生叶倒披针形或倒卵状披针形，羽状深裂，边缘齿状，齿端具针刺；茎生叶互生，基部心形，抱茎。头状花序直立，顶生或腋生；总苞钟状；小花红色或紫色。瘦果偏斜楔状倒披针状，冠毛浅褐色。花果期 4—11 月。

产地和分布：我国北部、中部、东部和南部大部分地区。日本，朝鲜，俄罗斯（远东），越南。

生境：海岸草地。

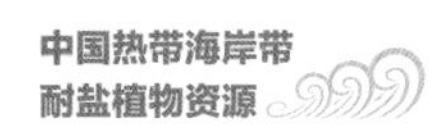

(344) 台湾假还阳参 *Crepidiastrum taiwanianum* Nakai

形态特征：多年生草本，有时亚灌木状。主茎粗而伸长，木质化。基生叶莲座状，匙状长圆形，基部渐狭成柄，边缘有圆锯齿。头状花序成伞房花序状排列，从主茎抽出；花冠黄色。瘦果有10条纵棱。冠毛褐色。花果期4—10月。

产地和分布：我国台湾地区。

生境：海滨沙地、岩石上或石缝中。

（345）芙蓉菊 *Crossostephium chinense* (L.) Makino

形态特征：多年生亚灌木，密被灰白色短柔毛。叶聚生枝顶，狭匙形或狭倒披针形，全缘或3～5裂，顶端钝，基部渐狭，两面密被灰色短柔毛。头状花序盘状，生于枝端叶腋，排成有叶的总状花序；总苞半球形。瘦果矩圆形，被腺点；冠状冠毛撕裂状。花果期全年。

产地和分布：广东、海南、台湾、云南、浙江。日本。

生境：珊瑚礁岩及海滨峭壁上。

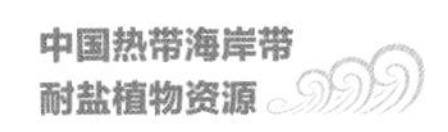

(346) 天人菊 *Gaillardia pulchella* Foug.

形态特征：直立草本。下部叶匙形或倒披针形，边缘波状钝齿、浅裂至琴状分裂，先端急尖；上部叶长椭圆形，倒披针形或匙形，全缘或上部有疏锯齿或中部以上3浅裂。头状花序；舌状花黄色，基部带紫色。瘦果基部被长柔毛，具冠毛。花果期6—8月。

产地和分布：我国广泛栽培。原产于北美洲。

生境：海滨沙地或草地上。

（347）鹿角草 *Glossocardia bidens* (Retz.) Veldkamp

形态特征：多年生草本。基生叶羽状深裂，裂片线形，顶端稍钝，有突出的尖头；茎中部叶稀少，羽状深裂；上部叶细小，线形。头状花序单生。舌状花花冠黄色，舌片开展，宽椭圆形。瘦果黑色，线形，具被倒刺毛的芒刺。花期6—7月，果期8—9月。

产地和分布：福建、广东、广西、海南、台湾。澳大利亚；亚洲南部至东南部，太平洋岛屿。

生境：海滨坚硬沙土、空旷沙地。

(348) 白子菜 *Gynura divaricata* (L.) DC.

形态特征：多年生草本。茎略紫色。叶片卵形，椭圆形或倒披针形。头状花序通常 2 ～ 5 个在枝端排成疏伞房状圆锥花序，常呈叉状分枝；花序梗被密短柔毛，具 1 ～ 3 枚线形苞片；总苞钟状；小花橙黄色；瘦果圆柱形，具 10 条棱；冠毛白色，绢毛状。花果期 4—10 月。

产地和分布：广东、海南、四川、香港、云南。越南。

生境：山坡草地、荒坡和田边湿润处，海滨沙滩亦常见。

（349）**剪刀股** *Ixeris japonica* (Burm. f.) Nakai

形态特征：多年生草本。茎基部有匍匐茎，节上生不定根与叶。基生叶匙状倒披针形或舌形，基部渐狭成为具有狭翼的长或短柄，边缘有锯齿至羽状半裂、深裂、大头羽状半裂或深裂。头状花序 1 ～ 6 枚在茎枝顶端排成伞房花序；总苞钟状；舌状小花黄色。瘦果近纺锤形，细丝状；冠毛白色。花果期 3—5 月。

产地和分布：安徽、福建、广东、广西、辽宁、台湾、浙江。日本，朝鲜。

生境：海滨沙地。

(350) 沙苦荬菜 *Ixeris repens* (L.) A. Gray

形态特征：多年生草本。地下匍匐茎绵长可达2m，节上生根。叶片宽卵形，掌状浅裂、掌状深裂或掌状全裂，基部下延，平截或心形。伞房花序组成松散的具2～8个头状花序，头状花序具12～20朵小花；总苞圆柱状，苞片卵形；舌状花黄色。瘦果卵状披针形；冠毛白色。花果期4—10月。

产地和分布：福建、广东、海南、河北、江苏、辽宁、山东、台湾、浙江。日本，朝鲜，俄罗斯（远东）。

生境：海滨沙地。

（351）匍枝栓果菊 *Launaea sarmentosa* (Willd.) Kuntze

形态特征：匍匐草本，长达 1m，节上生不定根及莲座状叶。基生叶多数，莲座状，倒披针形，羽状浅裂或稍大头羽状浅裂或边缘浅波状锯齿。头状花序约含 14 枚舌状小花，单生于基生叶的莲座状叶丛中与匍茎节上的莲座状叶丛中；总苞圆柱状；总苞片 3 ～ 4 层。舌状小花黄色。瘦果钝圆柱状，有 4 条大而钝的纵肋；冠毛白色。花果期 6—9 月。

产地和分布：广东、广西、海南。澳大利亚；亚洲南部至东南部，非洲。

生境：海滨沙地。

（352）卤地菊 *Melanthera prostrata* (Hemsl.) W. L. Wagner & H. Rob.

形态特征：匍匐草本。基部茎节生不定根。叶片披针形或长圆状披针形，基部稍狭，顶端钝，边缘有不规则的粗齿或细齿，两面密被短糙毛。头状花序，单生茎顶或上部叶腋内；总苞近球形；总苞片 2 层；舌状花黄色。瘦果倒卵状三棱形。花期 6—10 月。

产地和分布：广东、广西、海南、台湾、香港。日本，朝鲜，泰国，越南。

生境：海岸高潮线以上的沙滩。

(353) 阔苞菊 *Pluchea indica* (L.) Less.

形态特征：灌木。叶倒卵形或阔倒卵形，基部渐狭成楔形，顶端浑圆、钝或短尖，边缘有细齿或锯齿，两面被短柔毛。头状花序，在茎枝顶端作伞房花序排列。瘦果圆柱形，被疏毛；冠毛白色。花果期全年。

产地和分布：广东、海南、台湾。澳大利亚；亚洲，太平洋岛屿。

生境：海滨沙地或近潮水的岸边。

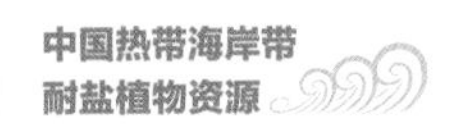

(354) 光梗阔苞菊 *Pluchea pteropoda* Hemsl. ex Forbes & Hemsl.

形态特征：草本或矮小亚灌木。下部叶倒卵状长圆形或倒卵状匙形，基部长渐狭，顶端钝或浑圆，边缘有锯齿；中部和上部叶倒卵状长圆形或披针形，基部长狭，顶端钝，边缘有疏锯齿或有时浅裂。头状花序在茎枝顶端排列成伞房花序。瘦果圆柱形，具棱；冠毛白色。花期 5—12 月。

产地和分布：广东、广西、海南、台湾。越南。

生境：海滨沙地、石缝或潮水能到达之处，红树林边缘。

(355) 蟛蜞菊 *Sphagneticola calendulacea* (L.) Pruski

形态特征：匍匐草本。基部各节生出不定根，分枝疏被贴生的短糙毛或下部脱毛。叶椭圆形、长圆形或线形，基部狭，全缘或有疏粗齿，两面疏被贴生的短糙毛。头状花序少数，单生枝顶或叶腋；总苞钟形；舌状花和管状花均黄色。瘦果倒卵形，具冠毛环。花期 3—9 月。

产地和分布：福建、广西、台湾。亚洲南部至东南部。

生境：海滨沙土或砾石上。

(356) 南美蟛蜞菊 *Sphagneticola trilobata* (L.) Pruski

形态特征：匍匐草本。叶矩圆状披针形，先端短尖或钝，基部狭而近无柄，近全缘或有锯齿，主脉3条。头状花序腋生或顶生；舌状花黄色。瘦果扁平，无冠毛。花期全年。

产地和分布：归化于我国南部地区。原产于美洲热带地区。

生境：海滩沙丘、红树林边缘等空地，入侵性强。

（357）羽芒菊 *Tridax procumbens* L.

形态特征：铺地草本。茎基部多分枝，节处常生多数不定根。叶片披针形或卵状披针形，顶端渐尖，基部截形，边缘不规则锯齿状深裂。头状花序，顶生。瘦果陀螺形、倒圆锥形；冠毛污白色，羽毛状。花期 11 月至翌年 3 月。

产地和分布：福建、广东、广西、海南、台湾、香港。原产于热带美洲，现归化于泛热带地区。

生境：海滨沙地和坡地。

（358）孪花蟛蜞菊 *Wollastonia biflora* (L.) DC.

形态特征：攀缘状草本。叶片卵形至卵状披针形，边缘有规则的锯齿，两面被贴生的短糙毛，主脉3。头状花序少数，生叶腋和枝顶，有时孪生，花序梗细弱，被向上贴生的短粗毛；总苞半球形或近卵状；总苞片2层，背面被贴生糙毛。舌状花1层，黄色，舌片倒卵状长圆形，顶端2齿裂；管状花花冠黄色，下部骤然收缩成细管状，檐部5裂，裂片长圆形，顶端钝。瘦果倒卵形，3～4棱，基部尖，顶端宽，截平，被密短柔毛，无冠毛及冠毛环。花期几全年。

产地和分布：台湾、广东南部及其沿海岛屿、广西、云南等地。

生境：海滨干燥沙地上常见。

89. 海桐花科 Pittosporaceae

(359) 台琼海桐 *Pittosporum pentandrum* (Blanco) Merr. var. *formosanum* (Hayata) Z. Y. Zhang & Turland

形态特征：小乔木或灌木。叶簇生于枝顶，成假轮生状，倒卵形或矩圆状倒卵形，先端钝或急短尖。多数伞房花序组成顶生圆锥花序，密被锈褐色柔毛；花淡黄色。蒴果扁球形；种子不规则多角形。花期5—10月。

产地和分布：广西、海南、台湾。越南。

生境：海岸灌丛。

（360）海桐 *Pittosporum tobira* (Thunb.) W. T Aiton

形态特征：灌木或小乔木。叶聚生于枝顶，嫩时上下两面有柔毛，倒卵形或倒卵状披针形，先端圆形或钝，基部窄楔形。伞形花序顶生或近顶生，密被黄褐色柔毛。花白色。蒴果圆球形，有棱或呈三角形；种子多角形，红色。花期3—5月，果期6—10月。

产地和分布：长江以南滨海各省区。日本，朝鲜。

生境：海滨沙地或石坡上。

90. 伞形科 Apiaceae

（361）滨当归 *Angelica hirsutiflora* S. L. Liu, C. Y. Chao & T. I. Chuang

形态特征：大型草本。基生叶和下部叶大，三出式羽状分裂，宽卵形，基部心形或圆形。伞形花序，密生短柔毛；花白色。果实极扁压，多少被短柔毛，侧翅宽、木栓质，厚。花果期 7—9 月。

产地和分布：我国台湾地区。

生境：海滨坡地。

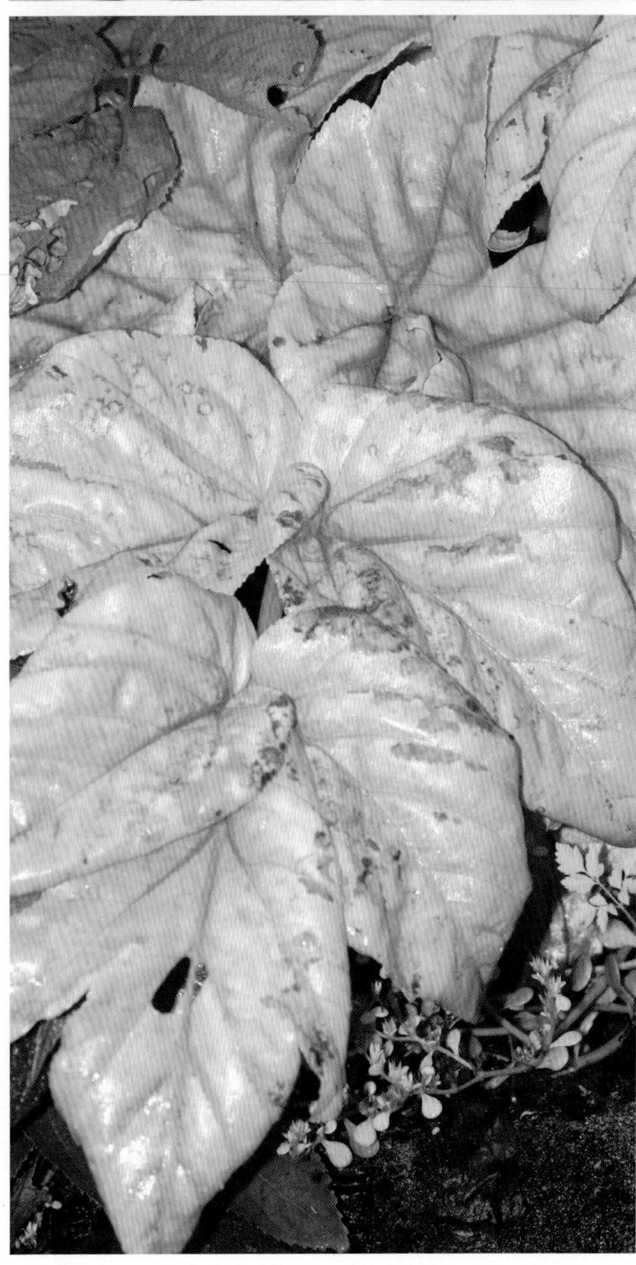

(362) 珊瑚菜 *Glehnia littoralis* F. Schmidt ex Miq.

形态特征：多年生草本，全株被白色柔毛。叶多数基生，叶片圆卵形至长圆状卵形，三出式分裂至三出式二回羽状分裂。复伞形花序顶生，密生密长柔毛；花瓣白色或带堇色。果实近圆球形或倒广卵形，密被长柔毛及绒毛，果棱有木栓质翅。花果期 6—8 月。

产地和分布：福建、广东、河北、江苏、辽宁、山东、台湾、浙江。日本，朝鲜，俄罗斯（远东）。

生境：海滨沙地。

(363) 滨海前胡 *Peucedanum japonicum* Thunb.

形态特征：粗壮草本，常呈蜿蜒状而近直立。叶片宽大质厚，一至二回三出式分裂。复伞形花序；花瓣常紫色。分生果长圆状卵形至椭圆形，有短硬毛，背棱线形稍突起，侧棱翅状较厚；花期 6—7 月，果期 8—9 月。

产地和分布：福建、香港、江苏、山东、台湾、浙江。日本，朝鲜，菲律宾。

生境：海滨滩地或海岸山坡。

参考文献

陈兴龙，安树青，李国旗，等，1999. 中国海岸带耐盐经济植物资源 [J]. 南京林业大学学报，23（4）：81–84.

范作卿，吴昊，顾寅钰，等，2017. 海洋植物与耐盐植物研究与开发利用现状 [J]. 山东农业科学，49（2）：168–172.

郭树庆，耿安红，李亚芳，等，2018. 耐盐植物生态修复技术对盐碱地的改良研究 [J]. 乡村科技，28：117–118.

君影，2004. 台湾海岸植物 [M]. 台北：人人出版股份有限公司.

马金双，李惠茹，2018. 中国外来入侵植物名录 [M]. 北京：高等教育出版社.

唐春艳，张奎汉，白晶晶，等，2016. 广东省滨海乡土耐盐植物资源及园林应用研究 [J]. 广东园林，38（2）：43–47.

王瑞江，任海，2017. 华南海岸带乡土植物及其生态恢复利用 [M]. 广州：广东科技出版社.

王瑞江，2019. 中国热带海岸带野生果蔬资源 [M]. 广州：广东科技出版社.

王文卿，陈琼，2013. 南方滨海耐盐植物资源（一）[M]. 厦门：厦门大学出版社.

王遵亲，祝寿泉，俞仁培，1993. 中国盐渍土 [M]. 北京：地图出版社.

魏亚男，王晓梅，姚鹏程，等，2017. 比较不同 DNA 条形码对中国海岸带耐盐植物的识别率 [J]. 生物多样性，25（10）：1095–1104.

赵可夫，李法曾，1999. 中国盐生植物 [M]. 北京：科学出版社.

赵可夫，李法曾，张福锁，2013. 中国盐生植物 [M]. 2 版. 北京：科学出版社.

郑元春，1994. 台湾的海滨植物 [M]. 台北：渡假出版社.

ALBERT R. 1975. Salt Regulation in Halophytes [J]. Oecologia (Berl.) 21: 57–71.

CHRISTENHUSZ M J M, REVEAL J L, FARJON A, et al, 2011. A new classification and linear sequence of extant gymnosperms[J]. Phytotaxa, 19: 55–70.

FLOWERS T J, COLMER TD, 2008. Salinity tollerance in halophytes [J]. New Phytologist, 179: 945–963

FLOWERS T J, COLMER TD, 2015. Plant salt tolerance: adaptations in halophytes [J]. Annals of Botany, 115（3）: 327–331.

GRIGORE M, 2013. Nicolae Bucur's contribution to create an original system of halophytes classification, an example of holistic ecological vision [J]. Lucrari Stiintifice, ser. Horticultura, USAMV Iasi, 56: 19–24.

SONG J, WANG BS, 2015. Using euhalophytes to understand salt tolerance and to develop saline agriculture: Suaeda salsa as a promising model [J]. Annals of Botany, 115（3）: 5441–553.

The Angiosperm Phylogeny Group, 2016. An update of the Angiosperm Phylogeny Group classification for the orders and families of flowering plants: APG IV[J]. Botanical Journal of the Linnean Society, 181: 1–20.

The Pteridophyte Phylogeny Group, 2016. A community-derived classification for extant lycophytes and ferns [J]. Journal of Systematics and Evolution, 54（6）: 563–603.

VENTURA Y, ESHEL A, PASTERNAK D, et al, 2015. The development of halophyte-based argriculture: past and present [J]. Annals of Botany, 115（3）: 529–540.

WAISEL Y, 1972. Biology of Halophytes [M]. New York: Academic Press.

中文名索引

拉丁学名索引